FOUR THOUSAND WEEKS

[英] 奥利弗·伯克曼 —— 著

戴胜蓝 — 译

Oliver Burkeman

TIME MANAGEMENT FOR MORTALS

目录

引言：从长远来看，我们全都是逝者　　001
 传送带上的人生　　003
 没做正经事　　008

第一部分
选择有选择的生活

⏱ 直面有限的人生　　015
 时间表出现之前的时间　　016
 永恒之终结　　020
 一个生产力极客的自白　　024
 现实的冰冷冲击　　029

⏱ 效率陷阱　　033
 西西弗斯的收件箱　　035
 了无止境的愿望清单　　040
 为何你应该停止为大事做好准备　　043
 便利的圈套　　046

I

- 直面人的有限性　　053
  - 被抛入时间之中　　054
  - 进入现实　　058
  - 一切都是借来的时间　　061

- 成为更好的拖延者　　067
  - 创造性忽略的艺术　　069
  - 完美与崩溃　　073
  - 不可避免的安定　　079

- 西瓜难题　　085
  - 误用你人生的机器　　090

- 亲密的阻碍者　　095
  - 重要的事带来的不安　　098

第二部分
无法控制的事

- 我们从未真正拥有时间　　105
  - 任何事都可能发生　　109
  - 管好自己的事　　112

你在这里 — 115
因果灾难 — 117
最后一次 — 121
不在当下 — 126

重新探索休息的意义 — 131
休闲的没落 — 132
病态的生产力 — 137
为徒步而徒步 — 140
激进的洛·史都华 — 143

急躁螺旋 — 147
摆脱重力 — 148
必须停，却停不下来 — 151

待在公交车上 — 157
边看边等 — 161
耐心的三大原则 — 163

数字游民的孤独 — 169
同步与不同步 — 171
时间保持一致 — 176
永远不见朋友的自由 — 179

⏱ 宇宙"渺小"疗法 — 183
- 漫长的暂停 — 184
- 适度有意义的人生 — 187

⏱ 人类的疾病 — 193
- 临时的人生 — 194
- 五个提问 — 197
- 接下来最有必要的事 — 204

后记：超越希望 — 207

附录：帮你接纳人生有限性的十个工具 — 209

致谢 — 219

引言：从长远来看，我们全都是逝者

人这一辈子太短了，短到荒唐，短到可怕，短到没礼貌。也许换个角度来看会更明显：早期现代人类出现在非洲大地上，大约是在20万年前；而科学家预计，在阳光变得越来越热、杀死最后的有机体之前，生命还将以一定形式继续存在至少15亿年。可你呢？假使能活到80岁，也不过能活大约4 000个星期。

当然了，或许你命好，能活到90岁，但这也才不到4 700个星期。除非你命真的特别好，堪比雅娜·卡尔曼特，就是那个有记录以来最长寿的人。1997年卡尔曼特去世时，据说已经122岁了。这个法国女人声称自己见过凡·高（印象最深的是他浑身酒气）；而1996年，当世界上第一个成功克隆的哺乳动物——绵羊多莉出生时，卡尔曼特还在世。生物学家预测，可能就在不久的将来，人的寿命就能普遍达到卡尔曼特的水平。可是，就连她也只活了大约6 400个星期。

这样算来，生命的长度还真是短得惊人，难怪从古希腊时代至今，哲学家都将生命短暂视为人类存在的决定性问题：我们获得了心智，能制订无限恢宏的计划，但根本没时间付诸行动。"我们生而为人，可人生如此匆匆，才刚要开始生活，便发现生命将尽。只有极少数人能够例外。"这是古罗马哲学家塞涅卡在一封书信中发出的感叹，这封书信现在被称为《论生命之短暂》(*On the Shortness of Life*)。我第一次算出生命只有 4 000 个星期时，曾感到不安，冷静之后，我开始缠着朋友们，让他们不做任何心算，全凭直觉来猜人的平均寿命有多少个星期。一位朋友报出了一个六位数。我感觉，真的有必要告诉她，从美索不达米亚的苏美尔人算起，全部人类文明存在的时间大致就是 310 000 个星期，这也不算是个特别大的六位数。按照当代哲学家托马斯·内格尔的说法，几乎从任何一个有意义的时间尺度来衡量，可以说，"我们每个人随时都将死去"。

由此可见，广义上的时间管理应该是我们每个人最为关切的问题。可以说，时间管理决定了人生的全部意义。不过，现代学科中所说的时间管理却狭隘得令人郁闷，如同它更为时髦的亲戚——生产力。它关注的是如何尽可能多地完成工作任务，如何制订出完美的早晨例行计划，如何在星期天一次性做好整个星期的晚餐。毫无疑问，这些事情也挺重要，但不是最重要的。这个世界充满奇妙，然而似乎只有极少数生产力大师考虑过这样一种可能性：我们所有疯狂的行动，最终目的或许只是体验更多的奇妙。

不过，你若是想找到一种时间管理系统，能够有效地与同事、时事新闻、环境与命运建立联结，恐怕做不到。你可能会想，至少总有那么几本讲生产力的书，会严肃地对待生命短暂这一严酷的事实而不是佯装忽略它吧？如果这么想，那你可就大错特错了。

因此，本书试图帮我们找回平衡，看看我们能否找到，或者说找回一些思考时间的方式，恰当地反映我们的实际处境，直面我们的生命只有短短 4 000 个星期的事实，以及生命中闪现的点点微光。

⚙ 传送带上的人生

当然了，从某种意义上来讲，时间不够用这种事儿不需要别人提醒。我们一心牵挂着爆满的收件箱、不断变长的待办事项，这是因为总是有一种罪恶感萦绕在心头：我们本应做得更多，我们的人生本应更加丰富（你怎么知道别人感觉很忙呢？其实这就跟如何了解某人是不是素食者一样：别担心，他们自己就会告诉你）。民意调研的结果很明显：人们时间不够用的感觉比以往任何时候都更强烈。而在2013年，荷兰一个学术团队经研究后提出了一个有意思的观点：调查很可能低估了"忙碌流行病"的严重程度——因为许多人忙到没时间参与调研。近来，随着零工经济的发展，忙碌被重新定义为"拼"——无休止的工作不再是需要忍受的负担，反而成了令人振奋的生活选择，值得我们在社交媒体上炫耀一番。然而事实上，这也将同样的问题推向了极端：我们在逼着自己，将不断增加的工作量强塞进固定的、丝毫无法延长的一天之中。

然而，忙碌仅仅是开始。当你停下来思索便会发现，生活中有许多抱怨，本质上也是在抱怨时间有限。比如，我们每天都要与互联网造成的分心搏斗，注意力能够集中的时间已经少到值得警醒。即使是从小就爱看书的人，现在恐怕也很难连续读完一段话，而不产生伸手拿手机的冲动。这种状态令人感到不安，归根结底是因为，我们觉得自己没有充分利用本来就很有限的时间（如果早晨的时间无穷无尽，你就不会因为将一早晨的时间浪费在社交媒体上而感到懊悔了）。或者，你的问题不是太忙，而是忙得不在状态，在沉闷的工作中煎熬，或者根本就处于失业状态。在这种情况下，你会因为生命短暂而更觉痛苦，因为你本不想以这种方式消耗有限的生命。正是因为我们的时间和注意力都如此有限、如此宝贵，社交媒体公司才会想方设法地吸引我们的注意力。也因此，用户看到的必须是能煽动情绪的内容，而不是那些更平和但也更准确的内容。

接下来还有些亘古不变的人类难题，比如和谁结婚、生不生孩子、应该追求怎样的事业。如果可以活个几千年，这些问题也就不会那么伤脑筋了，因为时间很充裕，我们可以将每一种可能性分别体验个几十年。与此同时，任何与时间相关的烦恼都不得不提到一个值得警惕的现象：30岁以上的人应该都非常熟悉那种感觉，随着年纪渐长，时间似乎在加速流逝，一直不断加速，直到像七八十岁的老人描述的那般，几个月的时光一闪而过，感觉就像几分钟。还有比这更残酷的吗？我们的4 000个星期不只是在不断流逝，而且所剩越少，时间流逝的感觉就越快。

如果说一直以来，我们都与自己有限的时间相处甚艰，那么最近发生的事则让问题显得更为危急。2020年，在新冠肺炎疫情封城期间，我们的日常生活暂时被打断。许多人都说，感觉时间在瓦解，日子不知怎的，既飞逝而过，又好像永远过不完，令人不知所措。时间使人两极分化，这种情况比以往更加严重：有工作且家中有小孩的人，时间不够用；停职和失业者，时间又太多。人们在原本应该休息的时间工作，违背了昼夜作息，有人在家伏案于电脑屏幕前，有人冒着生命危险在医院和快递仓库等地方劳作。用一位精神科医生的话来讲，未来像是被按下了暂停键，留下我们许多人困在"崭新又永恒的现在"——不是在刷社交媒体，就是在开零碎的视频会议，要么就是失眠。人们焦虑不安，无法制订有意义的计划，更不可能清楚预见下一个周末以后的生活。

种种状况真是令人懊恼。这说明了一个问题：有如此多的人不善于管理自己有限的时间。我们本想努力充分利用时间，结果不仅失败了，还经常会让情况变得更糟。多年以来，我们淹没在"活出完全优化的人生"这种建议中，这在诸如《打造极限生产力》（Extreme Productivity）、《每周工作四小时》（The 4-Hour Workweek）、《高效的秘密》（Smarter Faster Better）这类书中随处可见，网络上也尽是"生活小窍门"，教我们如何在日常琐事上节省时间（注意，"生活小窍门"这个词的意味很古怪，它似乎暗示着，最好将你的人生视为某种有缺陷的装置，它需要改造，以防运转得不够理想）。现在有无数应用程序和可穿戴设备将你的工作效果、健身效果，甚至是睡眠效果最大化，有代餐饮料来省去吃饭的时间。还有上千种类似的产品和服务，从厨房电器到网上银行不一而足，它们的主要卖点都是帮你达成一个普遍性的目标——最大限度地利用时间。

　　问题也不完全在于这些技术手段和产品不起作用。它们确实管用。你可以完成更多工作、参加更多会议、送孩子参加更多课外活动、为老板带来更多利润。然而矛盾的是，你反而会感觉更忙、更焦虑，并且不知为何感觉更加空虚了。美国人类学家爱德华·霍尔曾指出，在现代社会，时间就像一条停不下来的传送带，无论我们完成前一个任务的速度有多快，它都会以同样快的速度带来新的任务。"效率更高"似乎只会让传送带转得更快。

　　这就是时间令人恼火的真相，但大多数时间管理建议似乎都没有切中这一要害。时间就像一个闹腾的幼儿，你越是努力控制它，让它服从你的安排，它反而从你手中溜得越远。想想那些帮我们战胜时间的技术吧：我们生活在一个有洗碗机、微波炉、喷气发动机的世界，这些工具都在帮我们节省时间。按理来说，我们应该感觉时间更为充裕才对，但实际上没人这么觉得。人们反而觉得生活在加速，大家都更没耐心了。不知怎的，比起在烤箱前等待两小时，在微波炉前等待两分钟要让人焦心得多。多花十秒钟等待网页缓慢加载，也比花上三天时间通过信件接收同样的信息更加折磨人。

我们为了更高效地工作做了许多尝试，但同样弄巧成拙。几年前，我的电子邮件泛滥成灾，于是采用了所谓的"收件箱清零"（Inbox Zero）方法。但我很快发现，当我以极高的效率回复邮件，唯一的结果就是收到更多电子邮件。拜这些邮件所赐，我感觉更忙了，于是买了时间管理大师戴维·艾伦所著的《搞定》（*Getting Things Done*），他在书里提出的承诺很吸引我："即使手头有一大堆事情，头脑也仍能清晰而高效地运作"，可以"达到武林高手口中'心如止水'的境界"。不过，我未能领会艾伦这话的深意：事情总是做不完的。于是我开始尝试完成多得做不完的事。实际上，我也确实变得更善于迅速完成待办清单上的任务了，可结果，更多的工作又如魔术般冒了出来。

这些都不是未来应有的样子。1930年，经济学家约翰·梅纳德·凯恩斯发表了题为《我们孙辈的经济可能性》（*Economic*

Possibilities for Our Grandchildren）的演讲，其中给出了著名的预言：在百年以内，由于财富增长和技术进步，人们每周的工作时间将少于15个小时。人们面对的挑战将是，如何填满所有新的空闲时间才不至于无聊到发疯。凯恩斯告诉听众："人类自从诞生以来，第一次面临真正的、永恒的问题——从经济需求的压力中解放以后，应该如何使用自由。"但凯恩斯错了。事实证明，当人挣到足够多的钱来满足需求以后，便会出现新的需求，向往新的生活方式；我们从未真正赶上隔壁阔绰的邻居，因为一旦赶上了，我们又会忙不迭找到过得更好的新对象来攀比。结果，我们变得越来越卖力工作，忙碌很快成为名望的象征。这显然极其荒谬，因为在人类的全部历史中，成为富人的根本意义就是不必做那么多工作。此外，富人的忙碌具有传染性，因为对金字塔尖的人而言，多挣钱有一个极为高效的方法，就是在公司和行业中削减成本、提高效率。这意味着金字塔下方的人会有更强烈的不安全感，为了糊口不得不更卖力地工作。

◎ 没做正经事

现在，我们触及了问题的核心，一种更为深层的体会，更难用语言表达：尽管忙忙碌碌，可即使我们之中的幸运儿，也极少抽得出时间做正经事。我们总觉得可以用更有意义、更充实的方式生活，也说不上到底是什么方式，但总是不经意间把时间消耗在了其他的事情上。这种追求更大意义的渴求可以有很多种形式。比如说，它可以是一种强烈的愿望，让你投身于某项更大的事业，因为直觉告诉你，这一历史上的特定时刻充满危机与磨难，相比于以往的赚钱与消费，时代可能对你提出了更高的要求。它也可以是一种挫败感，因为你不得不花一整天来打工，只为争取片刻时间去做自己热爱的事。它还可以是一种简单的向往：时光易逝，你只想更多地陪陪孩子，更多地亲近大自然，或者至少不是将时间花在通勤上。环保主义者兼心灵作家查尔斯·爱森斯坦回忆称，20世纪70年代的美国，物质生活富裕，他成长在这样的环境下，孩提时代就第一次感受到了我们使用时间时的基本"错误"：

我早就明白，相比于现在，生活本应该更加欢乐，更加真实，更有意义，世界也本应该更加美好。我们本不应该讨厌星期一，不应只盼着周末和节假日。我们小便之前本不需要举手申请。天气这么好，我们不应该窝在家里，日复一日。

感觉自己生活在错误的状态中，这种想法只会在我们试着提高生产力时显得更加强烈，因为尝试的结果似乎是，真正重要的事被推向距离我们视线越来越远的地方。每天，我们的时间都花在努力"解决"各种任务上,以便让它们"不碍事"。结果,我们的精神寄托在了未来,等待有一天肯定会有办法去解决真正重要的事。与此同时,我们会担心自己不够格,担心自己可能缺少内驱力和毅力,跟不上当今生活前进的步伐。"这个时代的核心精神是一种沉闷无趣的紧迫感。"散文家玛丽莲·罗宾逊写道。她认为,我们许多人花了一生的时间"将自己和孩子打造成工具而没有视为最终目的"。我们奋力去掌控一切,可能符合了某些人的利益;我们工作更长时间,为了获取额外的收入,购买更多的消费品,于是我们成了经济机器中更好的齿轮。但这并不能让内心平静,也不能让我们将有限的时间花在自己最为关切的人和事上。

《四千周》同样是一本讲述如何充分利用时间的书。不过这本书基于以下信念:我们所了解的时间管理已经遭遇惨败,不能再假装它还有效。这个不寻常的历史时刻,时间感觉如此飘忽不定,说不定这也是个绝佳的机会,让我们重新考虑自己与时间的关系。我们眼前的这些挑战,前辈思想家也都曾面对过,将他们的智慧放在当下,事实会变得更加清楚明了。生产力是个陷阱。高效只会让你更加忙碌。将垃圾清理干净,只会让垃圾更快出现。人类历史上从未有人真正实现过"工作与生活的平衡",无论这指的是什么,而且想完成这个目标,你也不会照着"成功人士在早上7点前要做的六件事"去做。你期盼着会有这么一天,一切终于尽在掌握——泛滥成灾的电子邮件得到妥善处理;待办清单不再越来长；工作与家庭生活中的所有责任都能得到履行；其他人不会因为你错过截止日期或者掉链子而生气；最后，你变成了一个完全优化的人，终于可以投身于生活中真正应该做的事情。让我们从一开始就承认失败吧：这种情形永远都不会发生。

不过，你猜怎么着？这其实是个非常好的消息。

[第一部分]

选择有选择的生活

直面有限的人生

真正的问题并不是我们时间有限，而是（或者说我希望向你证明的是）在如何把有限的时间用好这个问题上，我们稀里糊涂地继承了一套有问题的观念，还感觉自己不得不遵守它们。但其实它们只会让事情变得更糟。要想明白我们如何落到这般田地，又该如何改善与时间的关系，需要将时钟往回拨——回到没有时钟的时代。

总的来说，你绝对应该感到庆幸自己不是中世纪早期的英国农民。一来，你不大可能活到成年；二来，即使活到成年，你后面的人生也必将遭受奴役。你需要地主的允许才能租住土地；作为交换，你需要从地里的收成或收入中拿出很大一部分交给他，因此白天都必须辛苦劳作。晚上，你回到简陋的小屋中，同屋的不仅有家人（跟你一样，他们很少洗澡刷牙），还有你养的猪和鸡——你得在晚上把它们赶进屋里，因为森林里有熊和狼出没，它们会在天黑之后袭击留在户外的动物。疾病是另一个形影不离的伙伴，常见的各种病症包括麻疹、流感、黑死病等，不一而足。另外还有"圣安东尼之火"，这是一种由发霉的粮食引起的食物中毒，病人会神志不清，感觉皮肤像在灼烧，或是被看不见的牙齿咬噬。

❂ 时间表出现之前的时间

不过，下面这一系列关于时间的问题，你应该不会遇到。即使在最疲惫的日子，你应该也不会去想"有太多事情要做"，必须抓紧时间，也不会想自己的生活节奏太快了，更别提工作与生活失去平衡那种问题了。同样，平静的日子里你也不会感到无聊。尽管那时候死神是常客，早逝的情况比现在多得多，但你不会觉得时间有限。你不会有任何压力，想尽办法"节省"时间。你也不会因为浪费时间而内疚。如果你不想打谷子了，想休息一个下午，在村庄广场看一场斗鸡，也不会觉得自己在"工作时间"偷懒了。你之所以不会遇到这些问题，不是因为当时的生活节奏更慢，也不是因为中世纪的农民更悠闲、更认命。根据目前的研究来看，这是因为他们普遍没有将时间看作一个抽象的实体，完全没有物化时间的体验。

如果这听起来让人困惑，那是因为我们现代人思考时间的方式已经根深蒂固，甚至都忘了这只是一种思考方式；我们就像寓言故事中的那条鱼，不知道什么是水，只因自己身在水中。不过，若是将思维稍微拉开一点距离，就会发现我们的认识相当奇特：我们将时间想象成了某个独立于自身以及周围世界的东西。用美国文化评论家刘易斯·芒福德的话来讲，时间成了"一个独立的、数学上可度量其序列的世界"。想要了解他的意思，你可以思考一些与时间相关的具体问题，比如你计划如何度过明天下午，或者你去年取得了哪些成绩。不等你充分意识到，你的脑海里可能已经浮现出了一本日历、一把标尺、一副卷尺，还有钟面上的数字，或是一些模糊抽象的时间线。紧接着，你会继续用这台想象的计量器来衡量现实生活，在脑海里根据时间线来排列各项活动。爱德华·霍尔将时间比作一条在我们身边不停运转的传送带，表达的也是同样的观点。每个小时、每个星期、每一年，都像带子上传送的箱子。当箱子经过时，我们必须往里塞满东西，才觉得自己充分利用了时间。当事情太多，箱子快装不下时，我们会感觉忙得难受；当事情太少，我们又会感觉闲得无聊。若我们和箱子传送的节奏保持同步，就会庆幸自己"掌控了局面"，像是证明了自己存在的合理性；若有太多箱子还没装东西就传过去了，我们会感觉很浪费；若我们将标有"工作时间"的箱子用于休闲，老板可是会生气的。（他为这些箱子付过钱了，这些都属于他！）

中世纪的农民压根儿没有理由接受这样怪诞的想法。劳作的人日出而作，日落而息，他们白天的长度随着季节的不同而变化，没必要将时间看作脱离生活的抽象之物：奶牛需要有人挤便去挤奶，庄稼到了收获季节便去收割。若有人试图强行加入额外的安排，比如在一天之内挤好一个月的奶，把这件事儿彻底搞定，或者尝试让收成的时间提前，他就会被人当成疯子。当时也没有这种着急"做完所有事"的压力，因为农民的工作没有止境：总有接下来的一份奶要挤，总有接下来的一片庄稼要收，既然无穷无尽，那也就犯不着全力赶赴某个假想的完成时刻了。历史学家称这种生活方式为"任务导向"，因为生活的节奏随着任务本身有机地呈现出来，而不是按照一条抽象的时间线排列，但是后面这种生活方式如今已经成为我们的习性。（人们很容易认为中世纪的生活节奏非常缓慢，不过更准确地说，生活"节奏缓慢"的概念在中世纪人的眼里毫无意义。缓慢是相对什么而言的呢？）在那个时钟尚未出现的日子里，如果确实需要解释某件事可能花费多长时间，你只能将它与某项具体的活动做比较。比如一份差事花了一首歌的时间，还可能说花了"一泡尿的工夫"。

可想而知，以这种方式生活的人，内心体验该是多么辽阔、优美、流畅，说它充满了某种魔力也毫不夸张。尽管在现实生活里穷困潦倒，但这位农民可能在身边感受到了令人赞叹的光明。由于不为时间"嘀嗒流逝"的观念所困，他可能对周围的事物有更敏锐的感知和更生动的体验。当代方济会修士兼作家理查德·罗尔将这种无时间感称为"活在深度时间（deep time）之中"。黄昏时分，这位中世纪的乡村居民可能感受到了树林中的熊和狼，还有精灵在细语；耕地时，他可能感受到，在浩瀚的历史长河中，远古先祖历历在目，和身边的孩子一样真切，而自己只是历史中微小的一员。我们之所以有信心这样断言，是因为如今我们仍不时遇到这些深度时间中的岛屿——用作家加里·艾伯尔的话来讲，在这样的时光里，我们穿越到"一切皆圆满的境界，在这里，我们不必试图填充自己或世界的空洞"。自我与外界的界限模糊起来，时间静止了。"当然了，时钟不会停，"艾伯尔写道，"只不过我们听不到它的嘀嗒声罢了。"

有些人在祈祷、冥想，或者身处壮丽风景中时会有这种体验。我很确定，我那还在学步的儿子在整个婴儿期都处于这种状态，直到现在才开始脱离出来（在婴儿形成时间表的概念之前，他们是真正意义上的"任务导向型"生命体。照顾他们的父母还会睡眠不足，这或许可以解释为什么与新生儿相处的头几个月仿佛身处另一个世界：不论乐意与否，你都从时钟时间的状态被拽到了深度时间的状态）。瑞士心理学家卡尔·荣格写道，他于1925年访问肯尼亚，有一次曾在黎明破晓时分踏上远足之旅。就在那时，他也突然陷入了这种无时间感的状态：

> 在这广袤的热带草原上，站上一处小丘，一幅瑰丽的画面在我

们面前铺开。就在地平线将尽之处,我们见到了庞大无垠的兽群:瞪羚、羚羊、牛羚、斑马、疣猪,不一而足。它们一边前行,一边低头吃着草,脑袋起伏攒动,一片连着一片,仿佛缓缓的河流。四周万籁俱寂,只有远处传来一只猛禽的悲鸣。这是属于永恒起点的宁静,世界就像它原本的那样,回归了空……我从同伴身边走开,直到已经看不见他们,心中细细品味这孑然一身的感觉。

◎ 永恒之终结

不过,忽略时间这个抽象概念有一大弊端,就是会严重限制你的成就。你可以当一个小农,按一年四季制订时间表,但你也只能是一个小农而已了(换成婴儿也是同样的道理)。一旦你想要协调多人行动,便需要一种可靠的、公认的手段来衡量时间。人们普遍认为,这就是中世纪的僧侣发明第一台机械时钟的理由。他们必须在天未亮时就开始晨祷,因此需要一种方式,保证全寺院的僧人都在规定的时间醒来(早先他们有一种办法,让一名僧人通宵不睡,观察繁星的运转。但这个办法只有在夜空晴朗且值守僧人不睡着的情况下才有效)。这样的方式让时间变得规范可见,也不免让人们将时间视为一种独立存在的抽象事物,区别于人们花时间进行的具体活动;"时间"成了钟表上伴随指针嘀嗒移动而溜走的东西。人们通常将工业革命的发生归功于蒸汽机的发明，但正如芒福德在他1934年的代表作《技术与文明》(Technics and Civilization)中表明的那样，如果没有时钟，工业革命也很可能不会发生。到18世纪末，英国乡村的农民不断流入城市，在作坊和工厂里工作，每家作坊和工厂都需要协调上百人，要求他们按固定的钟点工作，通常每周工作六天，来保证机器运转。

将时间视为抽象的东西以后，人们自然开始把它当作一种资源，可以用于交易并且尽可能地高效使用，就像煤炭、钢铁或其他原材料那样。以前，劳动者按照大致确定的"一天的工作"或计件工作获取报酬，一捆干草或一头宰好的猪对应着一笔工钱。但渐渐地，按小时计酬成为更为普遍的做法——如果工厂老板能够更高效地利用工人的时间，从每个雇员身上榨取尽可能多的劳动力，那他就能比其他老板实现更多利润。的确，一些脾气暴躁的工业资本家甚至觉得，那些干活不够拼命的工人简直就是在偷窃。"我被各种各样的人骗得一塌糊涂。"英国达勒姆郡的钢铁大亨安布罗斯·克劳利在18世纪90年代的一份备忘录中愤愤不平地写道。在这份备忘录中，他宣布了一项新规定，凡是将时间用于"抽烟、唱歌、读新闻历史、争论、吵架，做任何与业务无关的事，以任何方式混日子"，就要扣工资。在克劳利看来，那些懒散的工人就是窃贼，他们对时间这条传送带上的箱子不问自取，无法无天。

你不必认为时钟的发明就是罪魁祸首，造成了我们今天所有与时间有关的麻烦，就像芒福德偶尔暗示的那样（当然，我也不赞成回归中世纪农民的生活方式）。但我们已经跨越了这道坎。在此之前，时间只是生命展开的媒介，是构成生命的物质。在此之后，一旦大多数人在心里将"时间"与"生命"分开，时间便成了拿来用的东西——就是这种变化埋下了伏笔，让我们今日不得不用尽现代独有的各种方式与时间搏斗。一旦时间成为可利用的资源，你就开始感到来自外界和自身的压力，要求自己好好利用时间。当你感觉浪费了时间，便会自责。当你面对太多要求时，很容易认为唯一的解决方案肯定是更好地利用时间，变得更高效、更拼命，或者加班更久，就好像你是工业革命时期的一台机器，而不去质疑这些要求可能本身就不合理。你想要多任务并行，用一份时间同时处理两件事，就像德国哲学家弗里德里希·尼采在1887年发表的一篇随笔里抱怨的那样，他可能是最早注意到这个现象的人之一："一个人手里拿着手表思考，就像一个人一边吃午餐，一边阅读股市的最新消息。"你会更加不自觉地将对生活的想法投射到想象的未来中，焦虑于事情是否会像你期望的那样发展。很快，你的自我价值感就与使用时间的方式完全绑定：时间不再是水，让你畅游其中，而变成了你需要支配或控制的东西——如果你想避免内疚、惊慌和不知所措的心情。一本书几天前送到了我的桌上，书名把这层关系总结得很到位：《掌控生活，从掌控时间开始》(Master Your Time, Master Your Life)。

根本的问题是,对时间持这种态度等于开始了一场游戏,在游戏里你被操控着,永远不觉得自己已经做得足够好了。你不是简单从容地活在人生画卷展开的当下(也可以说,你并不"乐天安命"),你基本上只会根据是否有利于实现未来的某个目标,或者是否有利于你在任务终于"滚蛋"后到达心中盼望的休憩的绿洲,来衡量每个时刻的价值。从表面上看,这种生活方式似乎合情合理,尤其是在竞争异常激烈的经济环境下,我们感觉似乎必须始终以最明智的方式利用时间,才能不落于人后(这也反映了我们大多数人接受的教育:未来的收益要排在当前的享受前面)。但这么做最终只会适得其反。我们被猛然抽离于当下,带向一种永远扑往未来的人生,永远在担心事情能否解决,永远抱着希望之后能获利的心态去经历一切,从未真正实现内心的宁静。这让我们几乎不可能体验"深度时间",体验那种永恒的时间感受。我们需要忘掉抽象的准绳,重新投入现实的鲜活当中,才能获得这种体验。

随着这种现代思维方式占据主导地位,芒福德写道:"永恒渐渐不再是人类行动的尺度与焦点。"主宰一切的成了时钟、时间表和日历提醒,还有玛丽莲·罗宾逊所说的"沉闷无趣的紧迫感",以及挥之不去的、必须做完更多事情的感受。事实证明,你试图掌控时间,到头来时间反而征服了你。

◎ 一个生产力极客的自白

本书接下来的部分探索了与时间相处更为明智的方法，以及实践这个方法的一系列理念工具，这些工具借鉴自各个哲学家、心理学家和心灵导师的作品，他们都拒绝主宰和掌控时间。我相信他们描绘了更平和、更有意义的人生。同时，从长远来看，这样的人生更有利于实现持久的生产力。不过别误会，多年来我其实都在试图掌控时间的路上屡战屡败。实际上，这种情况在我这类人当中尤其明显。我是一个"生产力极客"。你知道有些人非常热衷于塑形、时尚、攀岩、诗歌吧？生产力极客则热衷于划掉待办清单上的项目，所以我们或多或少算是同类，只不过生产力极客悲催得多罢了。

使用"收件箱归零"的方法只是冰山一角。我还将无数个小时和一大笔钱花在了花哨的笔记本和毡头笔上，只为心中坚守的一个信念：只要我能找到正确的时间管理体系，养成正确的习惯，足够自律，就可以彻底赢得与时间的战役（之所以产生这样的幻觉，是因为我每周要写一篇关于生产力的专栏文章，这让我有理由借工作之名尝试各种新技巧，简直就像一个恰好被聘为品酒师的酒鬼）。有一次，我尝试以15分钟为单位为每天的事情制订计划；还有一次，我使用厨房计时器，按照每25分钟一段的方式工作，中间休息5分钟（这种方法的官方名称是"番茄工作法"，在网上有一群狂热的追随者）。我将自己的任务清单按重要程度分成A、B、C三档。（猜猜看，有多少B档和C档任务是我抽空完成了的？）我还尝试过让每天的行动向目标看齐，让目标向核心价值观看齐。使用这些技巧常常让我感觉自己仿佛即将迈进一个神奇的殿堂，那里只有平静、专注和有意义的行动。但我一直没成功。相反，我变得更加焦虑和郁闷了。

记得2014年冬天的一个早上，在布鲁克林，我坐在家附近公园的长椅上，为一大堆任务没有完成而焦躁无比。突然间我意识到，这些技巧永远都不会管用。我永远不会有足够的效率、自律和气力，拼命向前冲到达那个终点——感觉自己掌控了一切，已经履行了所有责任，不需要担心未来。讽刺的是，意识到这些方法无法让我获得内心的平静后，我的内心立马就平静下来了（毕竟，一旦确信自己一直尝试的事情不可能成功之后，就很难继续因为失败而责备自己）。当时我还没明白，为何所有方法注定会失败。其实原因就是，我用这些方法是为了努力获得掌控人生的感觉，而这种感觉终究是抓不着的。

我对于生产力的执迷，背后其实有一些情绪因素，尽管我似乎一直都没有意识到。一来，这种执迷帮我对抗着现代职场固有的不安全感：如果我能满足每位编辑提出的所有要求，同时还能开展自己的各种副业，也许终有一天我会对自己的事业和财务有安全感。二来，它也把一些可怕的问题抛诸脑后，比如我正度过怎样的人生，是否需要做一些大的改变。我的潜意识显然已经判定，如果可以完成足够多的工作，那么一开始就无须怀疑从工作中获取如此多的自我价值感是否正常。只要始终处于即将征服时间的状态，我就可以不去思考，生活真正需要我做的其实是放弃对征服的渴望，转而投身未知的世界。就我自身来说，这意味着对一段长期的感情关系做出承诺，之后还与太太一起决定是否要孩子。之前我为完成工作使用了各种工具，用在这两件事上却全都失败了。想象自己未来终有一天能变得更好，可以毫无畏惧地面对这些决策，充分掌控整个过程，这更让人欣慰。我并不想承认，想象中的这一切永远都不会发生——畏惧就是过程的一部分，而经历畏惧并不会毁了我。

不过我们不会在此耽于谈论我个人的烦恼（别担心！）。我的个人问题背后反映了普遍情况，那就是我们大多数人都在以各种方式投入大量精力，试图避免充分体会所处的现实。我们不想因为反思自己前进方向是否有误或者自己有哪些想法是时候放弃而感到焦虑；我们不想在感情中受伤，不想在职场上失败；我们不想承认自己可能永远无法让父母满意，也无法改变我们身上连自己都不喜欢的地方——当然了，我们也不想生病，不想死去。细节因人而异，但核心问题都一样。我们不相信，这就是了，眼前的人生没有替代品。这一生本身有各种缺陷和无法逃避的脆弱性，还极其短暂。说起它接下来会如何发展，我们能做的微乎其微，影响力又非常有限，但这就是我们的唯一机会。我们在心理上抗拒事情本来的样子，用心理治疗师布鲁斯·蒂夫特的话来说，这样就能让自己"不必清醒地进入现实可能带来的幽闭、拘禁、无力、受约束的感受中"。我们与现实带来的痛苦约束做斗争，传统的精神分析学家称之为"神经官能症"，它有许多种表现形式，从工作狂、承诺恐惧症、共同依赖症（codependency）到习惯性害羞，举不胜举。

我们与时间的糟糕关系，大多也源自想要回避现实带来的痛苦约束。大多数提高效率的策略反而弄巧成拙，因为它们实际上进一步加剧了这种回避。毕竟直面生命的限度是一件痛苦的事，它意味着你必须做出艰难的选择，意味着你没有足够的时间完成所有曾经的梦想。对于已得到的时间，承认你对它的控制非常有限也是一件痛苦的事：也许你只是缺少毅力、天赋或别的什么资源，才无法扮演好你觉得应该扮演好的角色。因此，与其面对这种局限性，不如采取回避策略，让自己继续感觉还有无限可能。我们把自己逼得更紧，追逐"工作与生活的完美平衡"这一幻想；我们使用那些许诺能帮我们挤出时间做所有事的时间管理工具，逃避艰难的选择。又或者，我们还会拖延，这是另一种保持对人生有全然掌控感的方式——因为倘若一项令人生畏的计划从未开始，显然也就不需要承受失败的痛苦经历。我们往心里强行塞进各种忙碌与分心之物，在情感上麻痹自己。（尼采写道："我们在日常工作中卖力地、不经思索地劳碌，其程度之深远远超过了维持生计的必要。因为于我们而言更要紧的是，不要有空闲让我们停下来思考。匆忙是常见现象，人人都在逃离自己。"）或者我们情不自禁地制订各种计划，不然就得面对一个现实：原来自己对未来的掌控如此有限。再者，我们大多数人都在寻求一种非常个人化的对时间的征服。我们文化的理念是，一个人应该掌控自己的时间计划，随时去做想做之事——因为面对这样一个事实非常可怕：从经营婚姻到为人父母，从经商到从政，几乎所有值得做的事都依赖于他人的合作，因此也依赖于将自己暴露在各种人际关系的不确定性当中。

不过否认现实从来都行不通。它可能会提供一些即时的宽慰，让你继续以为未来某个时刻你最终会拥有十足的掌控感。但它始终不会带来一切皆圆满、你已经圆满的感觉，因为它将"圆满"定义成一种无人可及的无限掌控感。与现实无止境地抗争下去，只会导致更多焦虑以及不尽如人意的人生。例如，你越是认为自己可以"安排时间做好一切"，就越是会理所应当地接下更多工作，也就越感觉不到需要思考那些新工作是否真的值得花时间做。于是你的生活不可避免地被填进越来越多不太值得的工作。你越是匆忙，越是会在任务陷入停滞的情况下感到挫败（面对学步的孩子也是如此）；你越是情不自禁地给未来订计划，越是会不安于那些尚未解决的不确定因素，而不确定因素总是很多。你越能够全权掌握自己的时间，就越孤独。这一切都解释了"限制悖论"（paradox of limitation）这一现象，它包含以下内容：你越是努力管理时间，希望实现完全的掌控，挣脱生活中不可避免的不如意，你的人生就会有越多的压力、空虚和挫败感。你越是直面有限性，与之合作而非对抗，你的人生就越充满效率、意义和乐趣。我认为焦虑感不会完全消失，我们甚至也无法全然接纳自己的有限性。但我知道，没有任何时间管理技巧比直面事实更有效。

◎ 现实的冰冷冲击

在现实生活中，从态度上接纳时间的有限性意味着你安排日程的时候，心里明白自己绝对没时间做完所有你想做或别人要求你做的事——至少你可以不必再为此自责了。既然艰难的选择在所难免，那么关键便在于学会清醒地做出选择，决定哪些该专注，哪些该忽略，而不是任由工作按默认顺序安排。也不要自我欺骗只要足够努力，辅以正确的时间管理技巧，也许根本无须做出选择。这就意味着不要禁不住诱惑"不去做明确的选择"，也就是另寻方式以图拥有掌控感，而要审慎地做出重大的、艰巨的、不可撤销的承诺。你无法提前得知这么做是否会导向最好的结果，但事实证明最终结果一定会带来更多成就感。你还要坚强地面对

"错过恐惧症",因为有些事情,甚至可能绝大多数事情是必然会错过的。这其实原本就不是问题,正是"错过"才让我们的选择有了意义。当你决定在一件事上花时间,就意味着你牺牲了所有其他使用这段时间的方式。况且,自愿做出牺牲也是一种毫无保留的表态,它证明了何事对你来说最重要。或许我应该澄清一下,对于所有这些态度,我还未得究竟。我写此书既是为他人,也是为自己。我深信作家理查德·巴赫说过的一句话:"人最善于教授他最需学习之物。"

与有限性的对抗也揭露出一个真相,即自由并非来自我们对自己的时间表拥有更大的自主权,而是允许自己融入集体节奏——投身于无法精确计划自己具体在哪一步做什么的社会生活当中。我们进而会理解:有意义的生产力往往并不在于加快节奏,而是需要花多少时间就花多少时间,认同德语中的Eigenzeit,也就是行为过程本身需要的时间。从根本上来看,我们对自己时间的掌控非常有限,看清并接受这一点,能让我们对"时间原本就是拿来用的"这种想法产生怀疑。还有一个办法就是,依照那个不甚时髦却强有力的观念,让时间利用你——不将人生看作追逐成功的机会,而将它看作回应你在历史长河里所处时空的需求。

需要说明的是,我并不是在暗示我们与时间的各种麻烦其实都处于思想层面,或者只要改变一下观点,这些麻烦就能全部消失。时间压力大多来自各种外部力量:经济环境残酷;过去用来帮助减轻工作与育儿负担的社会保障与家庭关系网日渐消失；性别歧视，期望女性既事业有成，还承担大部分家庭责任。这些问题仅靠自助不能解决。之前有一篇关于千禧一代精力耗竭的随笔被读者大量分享，作者是记者安妮·海伦·彼得森。她写道，你不能指望"度假、填色书、'解压式烘焙'、番茄工作法、网红隔夜燕麦粥"就能解决这些问题。不过我对这个问题的观点是，无论你的处境有多幸运或不幸，直面现实对你只有好处。也就是说，只要你继续花时间回应那些难以应付的要求，并试图说服自己那些不可为之事终有一天能够完成，就相当于助长了这些要求。但是一旦你觉醒，领悟到这些要求其实无法达成，就会焕发新的力量去抵抗它，专注于打造最有意义的人生，无论当下的处境如何。

我们的满足感可能源于对时间有限性的接纳，而非抵制。关于这一点，古希腊罗马的哲学家并不觉得意外。他们明白无限是神的专利，人最崇高的目标不是变成神，而是全心全意地做人。无论如何，这就是现实。直面这一现实会产生出人意料的振奋效果。早在20世纪50年代，一位暴躁得出奇的英国作家查尔斯·加菲·洛特·杜·坎写了一部名为《教自己生活》(*Teach Yourself to Live*)的小书，建议我们拥抱有限的人生。有人说这个建议令人沮丧，他风趣地回敬："沮丧？一点儿也不沮丧。这就跟冲凉一样，没人会觉得冲凉让人沮丧吧……你不必再像大多数人那样，被人生的错觉与有误导性的幻想弄得云里雾里，不知所向。"以这种精神来应对"充分利用时间"的挑战真是绝妙。我们之中无人能凭一己之力阻止整个社会对于无限生产力、无数分心之物与无限加速度的追求。不过就在此时此地,你可以从错觉中走出来,明白这些都无法带来满足感。你可以直面事实——打开淋浴喷头,准备好接受那令人精神焕发的冷水的冲击,然后步入其中吧。

效率陷阱

让我们先从忙碌谈起。忙碌并不是我们唯一的时间问题，也不是人人都有这个问题，但它尤其生动地展示了我们为对抗自身固有的局限性投入了多少精力。因为你必须做得更多，多过你的能力范围，这种想法已经司空见惯了。实际上，用"忙碌"来形容这种状态并不妥当，因为某些形式的忙碌也可以令人快乐。美国插画作家理查德·斯凯瑞于20世纪60年代创作了系列经典童书，描绘了一个"忙碌镇"。谁会不愿意去那里住呢？他笔下的杂货商猫和消防猪都非常忙碌。忙碌镇里没有动物无所事事——或许也有，但是被小心地藏了起来，反正没人见过。不过，动物们并没有不堪重负。猫和猪洋溢着泰然自若的欢欣，同时流露着十足的自信，即使有很多事要做，也认为能恰好用手头的时间做完工作。相比之下，我们却活在无休止的害怕焦虑中，担心或者觉得自己肯定无法按时完成任务。

研究显示，所有收入水平的人都会有这种感受。若是为了填饱孩子们的肚子而打两份工资极低的工，你极有可能会感觉精疲力竭。不过，即使条件更为宽裕，你还是会感觉力不可支，理由同样充分：你需要为更大的房子支付更高的房贷，要么就是那份（有趣且高薪的）工作无法让你过上向往的生活，比如陪伴年迈的父母、更加融入子女的生活，或者为了对抗气候变化奉献自己的一生。法学教授丹尼尔·毛尔科维奇表示，我们的文化追求成功，可即使是那些赢家，那些成功进入名牌大学然后拿着高薪的人，也会发现自己的报酬意味着无尽的压力。他们要想过上理想的生活，就需要高收入和高地位，而要维持这种高收入和高地位，必须以令人崩溃的强度来工作。

问题其实不是这种状态让人难以应付，而是严格从逻辑角度来讲，这种状态的确让人应付不来。你必须做得更多，多过你的能力范围，但这完全不可能。这个想法没有任何意义：若你真的没时间做完所有想做的事，或者你觉得应该做的事，或者别人缠着你不放、非要你做的事，那么你就是没时间，无论到头来做不完这些事会有多么严重的后果。因此，严格来讲，对一份要求过高的待办清单感到心烦，这很没道理。你可以完成你能做的工作，至于做不到的那些你确实无能为力。你脑子里那个不断命令你"必须做完所有事"的蛮横小人儿就是错的。不过我们极少停下来如此理智地思考问题，因为这意味着必须面对生命有限这个令人痛苦的事实。我们不得不承认，有些选择非常艰难但依然必要：不必去接哪个球，不得不辜负哪个人，要放弃哪个梦想，会搞砸哪个身份。也许你无法在兼顾目前工作的同时花足够多的时间陪伴孩子；也许在一周当中腾出足够的时间去发挥你的创作欲，意味着你家绝对不会特别整洁，或者没法充分锻炼身体等。相反，为了避免面对这些令人不悦的真相，我们采取了很多关于如何处理忙碌的传统建议，告诉自己只要想办法做得更多，一切问题都会迎刃而解。可以说，我们解决忙碌的问题的方法，就是让自己变得更忙碌。

西西弗斯的收件箱

这是对现代问题的一种现代反应，不过也并不新鲜。早在1908年，英国记者阿诺德·贝内特就出版了一本为人生提建议的小书，内容颇有些酸楚的意味：《如果一天只有24小时，你该如何生活》(*How to Live on 24 Hours a Day*)。这个书名显示了生活在爱德华七世时代的人已经明显感觉时间不够用，为此痛苦不已。"最近某日报在谈论一个话题：如果一个女人一年只有85英镑，她能否在这个国家过得舒适。这个话题引发了激烈讨论。"贝内特写道，"我（还）见过另一篇文章，名为《如果一星期只有8先令，你该如何生活》。但我还从未见过有文章讲'如果一天只有24小时，你该如何生活'。"说白了，这话的笑点在于这样的人生建议实在是荒谬，因为没有人的一天能超过24小时。不过人们确实需要建议：对于贝内特和他的目标读者，即每天在郊区住宅和英格兰日益繁荣的城市办公区之间靠电车和火车通勤的白领来说，时间就像一个箱子，已经无法容纳它必须装下的全部物品了。他解释道，这本书是为了"困境中的朋友而写。无数灵魂都或多或少承受着痛苦，总感觉岁月在不断地流走，流啊，流啊，而他们自己的人生尚不能正常有序地运行"。他直言，大多数人每天都要浪费好几个小时，尤其是晚上；他们告诉自己已经累了，但他们明明可以再加把劲，做之前总说没时间做的那些事情，让生活变得更加充实。贝内特写道："我的建议是，你应该在晚上6点的时候直面事实，承认你不累（确实不累，这一点你很清楚）。"他提出的替代策略就是早点起床。书中甚至还有教你如何自己沏茶的内容，万一你比用人起床更早呢。

《如果一天只有24小时，你该如何生活》是一本鼓舞人心的书，许多实用的建议时至今日也值得一读。但这一切都基于一个极不可靠的假设（不光是你有用人的那个假设）。就像几乎所有出现在他之后的时间管理专家一样，贝内特表示，如果采用他的建议，你将能完成足够多真正重要的事，从而与时间和谐共处。他建议，每天在行程中再多塞进一点活动，你最终就可以拥有"足够的时间"，达到平静安详、尽在掌控的状态。但1908年的情况并非如此，到了今天就更不可能了。下面就是我在布鲁克林那张公园长椅上领悟的道理，而且我仍旧认为它是针对时间压力最好的解药，在接纳有限性的路上，这是自由而灿烂的第一步：如果你打算为每一件你觉得重要之事安排出时间，或者哪怕仅仅是足够多的重要之事，那么问题就会出现：你肯定永远都做不到。

办不到的原因，不在于你尚未发现正确的时间管理技巧，不在于你不够努力，不在于你起得不够早，更不在于你一无是处。原因在于时间管理背后的那个假设毫无依据：没有理由认为你做完更多工作就能"掌控一切"，可以为每件重要的事安排出时间。首先，"重要"与否依靠主观决定，因此你没有依据能判断出所有你自己、你的老板、你所属的文化恰好认为的重要的事情都能有时间完成。另一个恼人的问题是，一旦真的设法做完了更多事情，你就会发现目标又变了：在你眼里，重要的、有意义的，或者不得不做的事情会变得越来越多。被冠上工作神速的名声之后，你会被安排更多的工作。（你老板可不傻：她为何要把工作交给速度慢的人呢？）找到足够多的时间陪孩子，也有足够多的时间来工作，好让自己不再因为顾此失彼而内疚时，你又会突然感到某些新的社会压力：得花更多的时间来锻炼身体，要参加家长教师联合会——哦，现在终于有时间学习冥想了，不是吗？挤出时间开展梦想多年的副业，而一旦成功，你就不会满足于小公司的现状。这种现象放在家务活上也合适：在《妈妈的工作越来越多》(*More*

Work for Mother）里，历史学家露丝·施瓦兹·科恩写道，当家庭主妇用上诸如洗碗机和吸尘器之类的家电之后，看似"节省劳力"的设备却根本没有节省时间，只会提高社会对干净的标准，抵消了使用家电带来的好处。既然能将丈夫只穿过一次的衬衫恢复到一尘不染，那你就会感觉应该这么做，以显示你有多么爱他。英国幽默作家与历史学家希里尔·诺斯古德·帕金森于1955年写道："工作量会一直增加，直到所有可用的时间都被填满。"这个道理日后被称为"帕金森定理"。但这不仅仅是一则笑话，也不仅针对工作，它适用于所有我们需要做的事情。事实上，"需要做什么"的定义一直在扩大，直到所有可用的时间都被填满。

电子邮件尤其明显地反映了这种痛苦——这个20世纪的神奇发明让地球上随便哪个人都能骚扰到你，时间随他们喜欢，也几乎没有成本，只要一个出现在你眼前或口袋里的电子屏，便可以让电子邮件填满整个工作日，甚至周末也常常如此。这个机制的"输入"端，也就是原则上你可以接收的电子邮件数量，可以说没有上限。而"输出"端，也就是你有空去仔细浏览、回复，或者斟酌之后再删掉的邮件数量却极为有限。因此，提升处理电子邮件的熟练度就像提高速度爬一架无限高的梯子：你只会感到越来越忙，而且无论爬得多快都永远无法到达顶端。古希腊神话中，众神为了惩罚傲慢的国王西西弗斯，命他将一块巨石推上山顶，然而巨石往往未到山顶就又滚落，以致前功尽弃。他注定要不断重复、永无止境地推着石头。当代的西西弗斯则在清空收件箱后，身体往后一躺，深吸一口气，接着听到一个熟悉的提示音："您有新的消息……"

不过更糟的还在后面，"移动球门效应"[①]开始显现：你每回复完一封电子邮件，就很可能会收到一封对方发来的回复邮件，你就需要继续回复，无止无休，直到宇宙终结。与此同时，大家都知道你回复邮件的速度极快，于是更多人会认为，一开始先发邮件找你更节省时间（相比之下，粗心大意的人会发现，忘记回复电子邮件反倒替自己节省了时间：人们先前缠着你解决一些事，但总会为它们找到其他解决办法，还有些邮件里描述了迫在眉睫的危机，但实际上这些危机根本没发生）。所以，不是说你永远都处理不完电子邮件，而是"处理电子邮件"的过程实际上会产生更多的电子邮件。其中的道理可以称为"效率陷阱"。无论是借助各种生产力技巧，还是把自己逼得更紧，提高效率都不会让你有"时间够用"的感觉，因为在其他条件不变的情况下，需求只会增加，它会抵消效率提高带来的好处。你本来想做完事情，结果却有了新的事情需要做。

对于我们大多数人而言，在大多数情况下，效率陷阱不可能完全避免。毕竟我们很少有人能放着电子邮件不去处理，即使处

[①] 原文为goalpost-shifting，指的是在一种情景或在一个行为中，通过不公平的方式改变规则，以使一些人难以达到目的。——译者注

理之后会带来更多的电子邮件。生活中的其他责任也是如此：我们经常不得不想办法在一个时间段内塞进更多要做的事情，即使这样一来我们会觉得更忙（同样，施瓦兹·科恩笔下20世纪初的家庭主妇应该也感受到了，她们无法抵抗让家里更干净整洁的社会压力）。所以，我并不是说一旦你领悟了个中缘由，就会奇迹般地不再感到忙碌了。

不过你可以选择不再相信拼命做更多的事情能够解决忙碌所带来的挑战，因为这只会让情况更糟。一旦你不再坚持认为拼命工作能让自己在未来某天获得平和的心境，你就更容易立刻获得平和的心境，即使面前仍有应接不暇的任务。因为让你内心平静的已不再是完成所有应接不暇的任务了。一旦你确认自己不得不根据时间对工作做出艰难选择，你反而容易做出更好的选择。你会领悟，当有太多事情要做时（总是有太多需要做的事），实现心灵自由的唯一办法就是不再抱着完成一切的幻想，承认人生有限，集中精力做真正重要的那少数几件事。

⚙ 了无止境的愿望清单

这些收件箱和洗衣机的长篇大论也许会让你误以为，应接不暇的感觉只跟做不完的工作和家务有关。但是从更深层的方面来讲，在如今的社会，即使你只是活着，也总是会感觉有"太多做不完的事"，无论你是否过着传统意义上的忙碌生活。我们可以将这种状态视为"存在的应接不暇"：如今的现代社会提供了无数看上去值得做的事，因此"你想做的事"与"你实际能做的事"之间会不可避免地出现难以逾越的鸿沟。德国社会学家哈特穆特·罗萨解释说，以前的人不大会受到这种想法的困扰，部分原因是他们相信有来世：他们不一定非得"最充分地利用"有限的时间，因为他们觉得时间并不是有限的。无论如何，尘世生活不过是序幕，相对于后面最重要的部分显得微不足道。他们也倾向于认为世界不随历史发展而变化，又或者在有些文化中，人们认为世界总是在那么几个可预测的阶段之间循环。一切仿佛早有安排：人们满足于扮演自己在人间这场戏中的角色——在他们之前已有无数人扮演过这个角色，在他们离开尘世后还会有无数人继续扮演。他们丝毫不觉得在他们存在于历史上的这段时光里会错失什么精彩的新事物（在不变或者循环的历史观里，永远都不会有精彩的新事物）。但世俗的现代生活改变了这一切。人们不再相信来世，于是想尽办法好好利用这一生。当人们开始相信进步，相信历史总是不断趋向更完美的未来，就会更敏锐地觉察到自己的人生多么短暂，让人痛苦，短暂的一生让自己错过更完美的未来。于是他们在人生中塞进各种经历与体验，以消除这种焦虑。在罗萨所著的《社会加速度》（*Social Acceleration*）一书的译者序部分，译者乔纳森·崔乔·马泰斯写道：

我们越是能够加速提升能力，去往更多地方，见识新鲜事物，品尝异域美食，接纳各种灵性信仰，学习新的行当，与他人分享感官的愉悦——无论是舞蹈、床笫之欢、不同形式的艺术体验，还是其他——我们能在有生之年达到的体验，就越是与人类现在及未来可以达到的所有可能性一致。也就是说，我们就越接近真正"充实的"人生，也就是字面意义上的尽可能地填满了各种体验的人生。

可以认为，退休者——实现愿望清单中列出的异国之旅，享乐者将各个周末排满趣事，其实就如同那些筋疲力尽的社会工作者和公司律师一样，把自己弄得应接不暇。前者那些应接不暇的事情的确在名义上更令人愉悦：比起一长串等着你来安置房屋的流离失所家庭，以及一大沓等着你审核的合同，一连串等着你游览的希腊岛屿听起来当然惬意得多。不过问题还是一样，这种充实感似乎仍旧取决于他们做到的是否多于他们能做的。这也解释了为何你的生活充满各种令人开心的活动，结果却往往不尽如人意。你试图"饱享"这世上能有的各种体验，感觉自己仿佛已经真正地活过了——然而这世上的体验实在太多，即使体验过那么几个，也无法让你感觉已经享尽人生。相反，你发觉自己又跌回到了效率陷阱中。你获得的奇妙体验越多，就越觉得自己可以，也应该继续拥有更多奇妙的体验，这种"存在的应接不暇"之感也就变得更为强烈。

也许不用多说大家也明白，互联网让这一切变得更加痛苦，尽管它许诺能帮你更充分地利用时间，但也让你看到自己的时间还有更多种可能的用途——因此，时间原本是你用来充分享受人生的工具，现在反倒让你感觉似乎错失了更多的人生。比如说，脸书是非常有效的工具，能让你获得想参加的活动的最新动态，但它也会让你得知更多想参加却分身乏力的活动。OkCupid这类交友软件能让你有效地找到约会对象，不过它也会不断提醒你还有更多选择，也许那些人更有吸引力。电子邮件是个绝好的工具，能让你快速回复大量消息，不过话说回来，如果没有电子邮件，首先你就不会收到这些消息。到头来，我们尝试用来"掌控一切"的技术最后往往都让人失望，因为这些技术让我们试图掌控的"一切"变得更多了。

⚙ 为何你应该停止为大事做好准备

到目前为止，我笔下的效率陷阱似乎只是简单的数量问题：你有太多做不完的事，于是就尝试在有限的时间里尽量多做一些，但结果却很讽刺，有更多的事情向你扑来。而效率陷阱最糟糕的地方在于，它也关乎质量问题。你越是拼命安排时间想做完所有事，越是发现自己将大部分时间花在了最没意义的事情上。你采用一个强大的、许诺可以帮你处理好整个待办清单的时间管理系统，结果可能你甚至没有时间去处理清单上那个最重要的项目。如果你退休后一心想要尽可能多地游览世界，那就很有可能错过这世上最有趣的地方。

原因简单明了：你越是坚信能找到时间做完所有事，就越是感觉不到有审视自身，问自己其中某件事是否真的值得花掉生命中的一部分时间的必要。每当遇到某个或许可以放进待办清单或者社交日历中的新项目，你就会特别想要接受它，因为你意识里不觉得需要牺牲其他的任务或机会来给它腾位置。然而实际上，由于你的时间有限，所以做任何事都需要牺牲——牺牲掉在那段时间里你本可以做的其他所有事情。如果你从未停下来自问这样的牺牲是否值得，那么生活中就不单会自动填入更多事情，还会填入更烦琐乏味的事情，因为这些事从未经过判断是否比其他事情更为重要。一般而言，这些往往都是别人希望你做的事，这样他们就会变得更轻松，而你也没想过拒绝。借用管理专家吉姆·本森的话，你越是高效，就越是成为"一个用来满足别人期待的无底线的蓄水池"。

在我还是一个领工资的生产力极客的时候，最让我困惑的就是这个问题。尽管我自视是能做成事的人，但我越来越痛苦而清晰地认识到，我最尽心尽力完成的都是些不重要的事，而重要的事却被一延再延——被永远搁置，或者直到截止日期将近的时候才被逼着赶紧做完，结果无疑是匆忙完成且效果一般。当报社的IT部门发来电子邮件提醒我定期更改密码很重要，我便会立马行动，尽管我原本完全可以忽略这个提醒（邮件标题其实已经给了我线索，"请阅读"这三个字一般表示接下来的内容不必读）。与此同时，现居于新德里的一位老友发来长篇邮件等我回复，自己计划了数月的主题文章研究还未落实，这些事情却被忽略，因为我告诉自己，做这些事情都需要全神贯注，所以得等我有了大把时间且没有什么零碎的紧急任务来分散注意力的时候再做。因此，我尽显一个勤勉高效的职员本色，把全部精力投入迎接重要工作之前的准备事项，解决了一大堆杂事让它们不再挡道，结果却发现做这些事情花了我一整天时间，而一夜之间又会冒出无数小事，但回复那封新德里老友发来的邮件的时间，以及研究那篇重要文章的时间，却永远都不会到来。人可以像这样浪费好几年的时间，有条不紊地拖延他最应该关切的事情。

我逐渐认识到，在这种情况下需要反其道而行之：不是试图让自己更高效结果却事与愿违，而是去抵抗这种变得高效的冲动——学会与应接不暇的焦虑感共处，与无法掌控一切的焦虑感共处，不要条件反射似的努力做更多事。以这种方式对待你的生活意味着不急着解决烦人的琐事，而是拒绝做这类事，进而专注于真正要紧的事，同时心里明了并能忍受这种不适：各种电子邮件、差事以及其他待办事项会越来越多，当中有许多事情你可能从来都没有时间处理。当情况确实需要时，你可能依旧会选择逼自己一把，努力完成更多，但那不会是常态，因为你不再活在未来某天会有时间做完所有事的幻想中。

"存在的应接不暇"也是一样：你需要有意愿去抵抗那种追求越来越多体验的冲动，因为那样只会让你感觉还有更多的体验需要追求。一旦你真正明白自己必定会错过世上几乎每一个体验，你就不会觉得仍有许多东西无法体验的事实是个问题了。相反，你会全身心投入，享受那些确实有时间享受的点滴——并且你会在每一个片刻更自由地选择做最重要的事。

◎ 便利的圈套

追求更高的效率，如今还以一种特别难以察觉的方式扭曲了我们与时间的关系：便利的诱惑。眼下兴起的所有行业都在承诺帮我们应对手头一大堆任务的情况，帮忙处理那些烦琐耗时的杂务，或者缩短处理的时间。不过我们的人生似乎变得更糟了——当你读到这里，讽刺的意味应该已经不会太突兀了。如同效率陷阱表现出的其他现象，用这种方式节省时间反倒会在数量上弄巧成拙，因为节省下来的时间又被更多你觉得必须做的事情填满了；同时它也会在质量上产生相反的效果，原本我们只想让一些烦琐的体验消失不见，结果却一不小心消灭了那些真正重要的东西。直到它们不见了，我们才觉得珍贵。

这个过程可见于以下一些情景：套用创业的行话，在硅谷致富的方法是找到一个"痛点"，即日常生活中由（注意，行话又要来了）"摩擦"带来的小烦恼，然后提供一个规避方法。打车软件消除的"痛点"，是需要查询本地出租车公司的号码然后打电话联系，或者直接上街拦车；手机支付之类的数字钱包消除的"痛点"，是需要伸手到包里找钱包掏现金。某外卖配送平台甚至做起了广告，吹嘘它可以避免你与一个真人服务员讲话的痛苦（虽然是半开玩笑，但也别有深意）。有了它，你只需触摸屏幕即可下单。一切的确变得更顺畅了。但是到头来，顺畅带来的好处却值得怀疑，因为往往是那些不顺畅的地方让生活更接地气，它滋养着各种人际关系，这对于个人的身心健康，以及我们社区的活力都尤为重要。你是本地出租车公司的忠实顾客就属于这种微妙的社会联系，成千上万类似的忠诚度，便能将整个居民区维系到一起；你与那位在附近做中餐外卖的女士寒暄了片刻，此事看起来可能微不足道，但就是这些简单的言谈让人们保持着交流，让科技带来的孤独感尚且无法占据支配地位（相信一个居家办公的作家的话吧，你只需与另一个人说上一两句话，就能让一整天的感觉大为不同）。至于手机支付，我喜欢在买东西的时候有点"小摩擦"，这会稍微降低我乱买东西的概率。

换言之，事情因便利性变得轻松，但它并未考虑在具体情况下，轻松是否真的最有价值。就比如我最近几年特别依赖的那种帮你在线设计并寄出生日贺卡的服务，它让你无须亲眼去看、亲手去摸那些实物卡片。也许这样至少比什么都不寄好一些。不过寄件人和收件人都知道，比起到店里买一张贺卡，在上面亲手写上几句话，然后走到邮筒寄出，电子贺卡只是一个拙劣的替代品。因为与"礼轻情意重"这句老生常谈的话相反，送礼花了功夫，或者说过程不那么便利，才更显情深义重。当你做一件事变得更方便，就消解了这件事的意义。风险投资人、Reddit 联合创始人亚历克西斯·瓦尼安曾评论说，我们往往"甚至意识不到某个东西有缺陷，直到有人向我们展示了更好的方法"。但让我们意识不到日常流程有问题的另一个原因，就是它本来算不上问题——从外表看，其中包含的不便或许是缺漏和弊病，实际上却代表着某种更有人情味的东西。

便利性带来的影响往往不仅表现在完成一件事开始变得没那么有价值，它还会让我们不再参与某些有价值的活动，转而选择更便利的途径。因为你能待在家里，用软件点外卖，在网络电视上追剧，所以你就这么做了。尽管你可能完全明白，如果赴约去市里与朋友们见面，或者尝试做一道有意思的新菜，你会过得更愉快。法学教授吴修铭在一篇关于便利性文化陷阱的文章中写道:"我更喜欢自己煮咖啡,但是星巴克的即溶咖啡太方便了,所以我几乎从来不做'更喜欢'的事。"与此同时,生活中那些拒绝方便的事开始令人反感。"当你不用排队就可以在手机上买到演唱会的门票,"吴修铭指出,"为竞选投票需要排队就显得令人烦躁。"随着便利性占据了日常生活,事情逐渐分为两类:一类事情在如今便利得多,但让人感到空虚,因为那种便利并不是我们真正想要的;另一类事情如今看来特别烦人,因为它们还是那么不便。

一个人或者一家人抵抗这一切都需要勇气,因为生活越是顺畅,一旦你坚持选择用不便的方式做事,就越会显得你不合常理。丢掉智能手机、不用谷歌、选择邮寄平信而不用即时交流程序,人们可能会怀疑你是否神志正常。不过这还是可以做到的。农学家希尔维亚·基斯玛特放弃了多伦多某大学的全职职位,她感觉,应接不暇的生活以及其必要的高效与便利性,不知怎的正在破坏生活的意义。她与丈夫孩子搬到了加拿大内陆地区的一个农场上,那里被称为"中间地带"。冬天里每一天都从生火开始,火焰既温暖了农舍,又为做饭供热:

每天早晨,我都会仔细刮去前一天的灰烬……我一边摆着柴火,听着木头噼啪作响,吞噬着火苗,一边等待着。家里很冷,接下来几分钟我只需做到细致耐心。火需要时间才能生起来,需要一点点地添加燃料，它才能提供做饭用的热量。如果我走开不去照看，它就会熄灭。如果我忘了照看，它也会熄灭。当然了，它是一团火，如果我生得太旺，又忘了去照看它，我可能会被烧死。为什么要冒这个险呢？

有人曾经问我，早上需要多久才能喝上一杯热茶。呵，来看看吧：在冬季，我要生火，拖地板，然后叫孩子们起床干活……我给奶牛喂水，喂它们干草，给鸡喂谷子和水，还要喂鸭。有时候我会帮孩子照料马和棚里的猫，再回到屋里。然后去烧水。也许我起床后一小时内可以喝上一点儿东西，如果顺利的话。这就需要一小时吧？

我们无须细想基斯玛特这种自觉制造不便的新生活方式是否在本质上优于那种有中央供暖、外卖，以及每天两次通勤的生活方式（尽管我认为情况可能是：她的日子确实忙碌，就像理查德·斯凯瑞笔下那样令人愉悦、有条不紊的忙碌）。而且显然，不是所有人都可以选择和她一模一样的路。不过真正的意义在于，她之所以决定做出这样巨大的改变是因为她意识到，通过节省时间、往她现有的生活中塞进更多事，并不能让她打造出更有意义的人生——因为对她来说，更有意义的人生就是与一家人周围的环境建立一种更专注于当下的关系。为了给重要的事腾出时间，她需要放弃一些事。

便利文化诱使我们想象，只需消除生活中的繁杂事务，就能为所有重要的事腾出时间。但这是个谎言。你必须选择少数几件事，牺牲其余的一切，并处理随之而来的不可避免的失落感。基斯玛特选择自己生火，和子女一起种粮食。"不去照料这一方水土，我们怎能了解我们居住的这个地方？"她写道，"不亲手种植自己吃的食物，我们怎能认识土地的鲜活特质，了解胡椒、生菜、羽衣甘蓝的不同需求？"当然了，你可能会做出完全不同的选择。不过人生有限，你不得不面对一个现实：你真的必须做出选择。

直面人的有限性

作为有限的存在，人活在这世上终有结束之时，这意味着什么？要探究这个问题，你必然会遇到马丁·海德格尔。这位哲学家比其他任何思想家都更着迷于这个问题。遇见他是不幸的，原因有二。最明显的一点就是，1933年以来的十多年里，海德格尔一直是纳粹党的正式成员（这一身份对于他的哲学意味着什么，这个问题让人警惕又着迷。因此你得自己决定，这个离奇糟糕的人生选择是否让他"如何做出人生抉择"的思想变得完全没有价值）。第二点是他的文字非常艰深晦涩。他的作品中充斥着打碎了再拼凑起来的词句，如"向死而生"（Being-towards-death）、"去隔离化"（de-severance），以及下面这句你可能需要好好琢磨一番的话："'面对'最本己的能有之焦虑。"（anxiety 'in the face of' that potentiality-for-Being which is one's ownmost.）因此，所有对于海德格尔作品的解读，包括我的解读，都不应被看作完整可靠的。不过对于上面第二项指责，海德格尔的晦涩难懂确实有他自己的理由。日常的话语反映的是我们日常的观察方式。但海德格尔想把手探到存在的最基本要素底下，即那些我们习以为常因而几乎忽略的事物，将它们掘出以供检视。这就意味着要使用生僻的术语，使事物显得不同寻常。因此，尽管你读他的文字时会一路磕磕绊绊，但有时也会因此迎头撞上现实。

被抛入时间之中

海德格尔在他的代表作《存在与时间》中指出，关于世界，我们未能领会到的最根本的一点，就是它已经存在于世界。也就是说，有事物存在，而非一无所有，这本应该让人既惊讶又困惑。大多数哲学家和科学家毕生都在思考事物以何种方式存在：哪些类型的事物存在着，它们来自何方，相互之间如何关联等。但我们却忘了惊异于这一事实，即事物首先是存在的，如海德格尔所说，"世界是在我们周围世界化的"。这一事实，即存在是一切问题的先决条件，套用作家莎拉·贝克维尔的妙语，是"我们所有人都时常要在其中碰壁受伤的残酷现实"。然而恰恰相反，我们几乎总是对它视而不见。

带领我们关注"存在"本身这个最基本的问题后，海德格尔接下来将焦点具体转向人类，讨论我们人的特殊性存在。对于一个人来说，存在意味着什么？（我知道这听起来有点像那种讲述迷失在癫狂与抽象中的哲学家的蹩脚段子，不过后面还有一两个更要命的段落。）海德格尔的回答是，我们的存在是与自身有限的时间完全而彻底地捆绑在一起的。事实上，两者关系如此紧密，以至于可以画等号：对一个人而言，存在首先是在时间上存在，在出生与死亡之间的这段时间里存在，终点必将到来，只是不知何时。人们倾向于说，我们拥有有限的时间。不过从海德格尔奇异的视角来看，我们就是一段有限的时间，这个说法可能更为合理。我们就是被自己有限的时间定义得如此透彻。

自从海德格尔提出这一主张，哲学家就一直在争论"我们是时间"具体意味着什么，甚至有观点认为它没有任何意味，因此我们不应该纠结于解释其具细含义。提取这句话中的洞见便已足矣。也就是说，一个人存的每分每秒都充满了海德格尔所说的人的"有限性"。我们有限的时间并不只是我们必须应对的众多事情之一。事实上，它在我们开始处理任何事情之前，就已经定义了我们。

我还没能提问应该如何使用自己的时间，就发现自己早已被抛入时间之中，进入这一特定时刻，其中有我的人生故事，造就了现在的我，而且永远无法摆脱。展望未来，我发现自己同样受到自身有限性的束缚：我正在被时间之河裹挟向前，无法走出这湍流，一直驶向我必将面临的死亡——更令人不安的是，死亡可能随时到来。

在这种情况下,关于我还能用自己的时间做什么事,我能做的决定已经极为有限了。回溯既往,我已被限定,因为我已经成为当下的我,来到了现在的位置,这决定了我以后会拥有哪些可能。展望未来,我能做的决定依然极为有限,最主要的原因是,一旦做出任何决定,就意味着我放弃了无数条可以选择的其他道路。一天当中我会做出数百个小的选择,构建起我的生活——与此同时,我也永远牺牲了其他无数种可能的活法。因此,任何有限的人生,即使是你能想象的最好的人生,都是一个不断向其他可能性挥手告别的过程。

关于这种有限性,唯一真正要问的问题是,我们是否愿意面对它。于海德格尔而言,这是人类存在的核心挑战:既然有限性定义了我们的人生,那么活出真正真诚的人生,成为完整意义上的人,就意味着要直面这一事实。我们必须尽可能地活出我们的人生,清楚地认识到这种局限性,以海德格尔所称的"向死而生"的真挚方式存在,明了生活就是这样,没有彩排,每一个选择都会有无数牺牲,时间总是即将耗尽——确实,可能就在今天或者明天,或者下个月,生命就到尽头了。因此,问题不是仅仅像老话所说,要把每一天"当作"最后一天来过。问题是它可能真的会是最后一天。未来哪怕一刻也不能被寄予全部的指望。

显然,从寻常眼光来看,这一切听起来都病态压抑得让人无法忍受。不过你如果能秉持这种人生态度，就不是在以寻常的视角看待人生，因此也不会觉得它"病态压抑"，至少在海德格尔看来完全不是这样。相反，唯有这种方式能让有限的个体存在活得充实，以全然成熟的人的方式与他人相处，体会世界的本真。根据这一观点，真正病态的是我们大多数人在大多数时间的所作所为。我们不愿面对我们的有限性，却沉溺于回避与否定，也就是海德格尔所称的"沉沦"。我们不去掌管自己的人生，却去寻找分心之物，让自己迷失在繁忙与日常差事中，试图忘记我们真正的困境。或者，为了避免面对如何安置我们有限的时间这一令人生畏的责任，我们尝试各种方法，告诉自己完全不需要做出选择——我们必须结婚，必须继续做消磨灵魂的工作，必须做其他各种各样的事，仅仅因为这些都很理所当然。或者，就像前面章节中所说的那样，我们开始徒劳地尝试"完成所有事"，这其实是另一种逃避的方式，试图避免做出如何对待有限时间的决定——因为如果你确实能够完成所有事，你就不再需要从各种无法共存的可能性之间做出选择。当你以这种回避真相的方式挥霍人生时，生活通常更为舒适，但这是一种乏味得令人呆滞的、致命的舒适。只有直面自身的有限性，我们才能与生活步入一段真正真挚的关系。

◎ 进入现实

瑞典哲学家马丁·哈格伦在他2019年出版的《眼前的人生》（*This Life*）一书中，将这种面对有限性的想法与宗教对永生的信仰做比较，让这一切变得更加清晰，没有那么神秘。他指出，如果你真的认为生命永不终结，那就没有真正重要的事了，因为你永远都不需要决定是否要用一部分宝贵的人生做某件事。哈格伦写道："如果我认为自己会永生，那么我永远都不会将人生视为利害攸关的事，也永远不会急着花时间去做什么。"永恒将是死一般的沉闷，因为每当你发现自己在考虑是否要找一天去做某件事，答案将永远是：无所谓吧？毕竟总是会有明天、后天，以及大后天……

作为对比，哈格伦描述了他参加家庭度假的情景。那是一年夏天，在瑞典微风习习的波罗的海沿岸，他与自己的大家族在一栋别墅里度假。他写道，这种经历的内在价值就在于，他无法随时随地经历这种体验，他的亲人也不会，因此他与亲人的关系就存在于那个片刻，甚至那片海岸线的形状也是暂时的，因为随着该地区的冰川在过去一万二千年来不断消退，陆地在不断显现。如果哈格伦能有无限个这样的暑假，也就没有一个是特别珍贵的了。正因为他不会度过无限个这样的暑假，它们才值得被珍视。诚然，哈格伦认为，只有从"事物有限而需要珍视"的立场出发，人才会真正在意集体危机的影响，例如气候变化正在破坏着他的祖国的地形地貌。如果我们在人间的存在只不过是前往另一个美好世界的序曲，那么生存威胁在终极意义上就失去了重要性。

当然了，或许你没有宗教信仰，即使有，也可能并不真的相信永生。不过，那些在光阴的消耗中不能直面自己实实在在的有限性的人，那些在潜意识里说服自己，认为自己拥有这世上一切时间，或者认为自己能在现有的时间里做完无限多的事的人，本质上也面临着同样的处境。他们潜意识里拒绝承认自己时间有限这个事实，因此当他们需要决定如何利用这时间当中的任何一部分时，没有什么需要权衡取舍。只有通过有意识地直面死亡的必然性，以及这种必然性带来的意义，我们才终于真正活在了自己人生的当下。

有位名人声称，经历癌症并劫后余生是自己身上"发生过的最好的事情"，它的核心智慧就在于此：劫难将他们抛入了一种更真实的存在模式，一切突然变得生动而有意义了。这种说法有时给人的印象是，人们确实会因为面对自己会死这个事实而变得更快乐。其实情况并非如此。当你从骨子里意识到自己即将死去时，时间已经极为有限，此时用"更快乐"来描述人生中新加入的这层深意显然不合适。不过事情的确变得更真实了。英国雕塑家玛丽安·库茨在回忆录《练习告别》里写道，她正带着两岁的儿子去见一位新保姆，此时她的丈夫、艺术评论家汤姆·卢伯克过来告诉她，自己患上了恶性脑瘤，会在三年内去世：

有情况发生了。来了一条消息。大事情，确诊了。这消息割裂了过往的一切，干净彻底，完完全全，除了一个方面。这件事发生之后，我们决定维持现状。我们的家不变……

我们学到了一些事。我们终有一死。你可能会说你知道这一点，但其实你并不知道。这消息恰好落在片刻之间。你都不会想到，时光里会有一个空隙，容许这样一件事落入……就好像为我们量身定做了一条新的物理法则：它很绝对，就像其他所有的法则一样，不过也随意得可怕。它是一条关于知觉的法则。它说，你将失去目之所及的一切。

也许需要补充说明的是，这并不是在说被诊断为绝症，或丧失亲友，或其他任何死亡经历都是莫名其妙的好事，令人向往，是"值得的"。不过不论这样的经历多么令人难以接受，往往都让经受的人与时间处在一种更为诚实的新关系里。问题是，如果不经历失去的痛苦，我们能否获取哪怕一丁点这方面的见解。作家们对于如何准确地形容人生中的这种存在模式颇费脑筋，用"更快乐"来形容并不恰当，用"更悲伤"也不能完全表达。你可以称其为"轻快的悲伤"（这是修士及作家理查德·罗尔的说法），"不容改变的愉快"（来自诗人杰克·吉尔伯特），或"清醒的喜悦"（来自海德格尔研究学者布鲁斯·巴拉德）。或者你可以简单称其为，终于面对真实的人生，面对我们时间有限这一残酷的事实。

◎ 一切都是借来的时间

关于这一点，我应该坦白交代，遗憾的是，我并非永远都能坦然接受自己终有一死的事实。或许没人能做得到。不过可以肯定的是，若你能够接受我们现在探索的观点，即使只接受一点点；若你能够屏声静气，无论多么短暂或多么偶然地注意到存在本身的纯粹美好，注意到你所得到的那一点点存在，你就可以明显体验到一种变化，感受到此时此刻，你活在时间的湍流里（或者说，你就是时间的湍流，这是海德格尔学派的说法）。从日常角度来看，生命有限这个事实感觉就像可怕的侮辱，用一位学者的话说，是"一种对个人的冒犯，对你的时间的剥夺"。本来你打算一直活着——就像伍迪·艾伦的经典语录，不是一直活在你同胞的心里，而是一直活在你的住处里——但现在死亡来了，夺走理应属于你的生命。

不过细想来，这种态度显然有些想当然。为何时间就应该无限多，死亡成了对时间的公然剥夺呢？换言之，为何要将四千个星期看作一个特别小的数字？是因为它与无限相比微不足道吗？为何不将它看作一个无比大的数字呢？比起你还没出生时，这可多出了好多好多个星期了。当然，只有那些注意不到任何事的存在首先就很了不起的人，才会将自身的存在视为理所当然，仿佛这是他根本就有权得到且绝不会被剥夺的东西。因此，或许并不是你有无限多的时间被骗走了。也许被赐予一点点时间，就已是不可思议的奇迹。

2018年夏天，加拿大作家大卫·坎恩在多伦多的希腊城地区参加一场活动后猛然明白了这一切。那天晚上本来平淡无奇。"我到早了，"他回忆道，"所以我到附近的公园待了一会儿，然后又去丹福斯大街的商店和餐馆逛了逛。在一座教堂前，我停下来系鞋带。我记得自己还为要见一群陌生人而有些紧张。"两星期后，一起枪击事件发生在这条街上。坎恩承认，按理讲，这对他来说并不算侥幸逃脱，丹福斯大街上每天都有上千人来来往往，他也不是只差几分钟就会遭遇那场枪击事件。即便如此，有可能碰上枪击事件的感觉本身就已足够震撼，让他清楚地意识到自己躲过了什么。"我看着电视上那些目击者讲述经历，有的人就站在我蹲下来系鞋带的那座教堂前，有的人则站在我曾经紧张徘徊的那个角落，"他后来写道，"这给了我一个至关重要的视角：我的存活是偶然的，并没有哪条宇宙法则赋予我这个状态。活着仅仅是一个机遇，哪怕多活一天都不是必然之事。"

我发现，这种视角转换竟然影响了我对日常烦心事的体验，比如堵车和机场安检排队，宝宝过了凌晨五点还不睡，今晚必须再次清空洗碗机，尽管我昨天就清空过一次了（我想你应该懂的！）。面对这些事，我的反应都不一样了。尽管不好意思，可我还是要承认，多年来，这类小挫折对我的幸福感还是产生了挺大的负面影响。现在这些挫折仍经常影响我，不过这种影响在我作为生产力极客的全盛时期最严重，因为当你试图掌控时间时，却有一件任务或一次延误不服从你的意志，它强行发生，丝毫不考虑你已在昂贵的笔记本上颇费周章地排好了时间表，没有什么比这更令人生气了。不过若是换个角度，想到自己居然还能拥有一次烦人的经历，事情看起来可能会非常不一样。突然间，你会觉得自己居然能身临其境，拥有某种经历，这本身似乎就很妙了。在一定程度上，这比经历本身碰巧很糟糕重要得多。英国环境顾问杰夫·莱曾告诉我，在他的朋友兼同事大卫·沃特森突然早逝后，他发现自己在堵车时不会像往常一样烦躁地捏紧拳头，而是会琢磨："如果能再碰到这种堵车，大卫会用什么交换？"在超市排长队，或在等待客服排长队时，他的反应也是一样。莱不再只关注这些情况下他在做什么，或者他想做什么，如今他还注意到，他在做某件事。他心里升起一股感激之情，让他自己都出乎意料。

现在让我们想一想，这一切对于你选择在有限的时间里做什么这个关键又基本的问题意味着什么。如我们所见，生活的现实是，作为有限的人，你总是在做着艰难的选择——比如说，如果我用今天下午的时间去做一件对我来说重要的事（比如写作），那么我就必然得舍弃许多其他同样重要的事（比如陪儿子玩耍）。我们当然会认为这种情况特别令人遗憾，期盼自己能有其他的存在形式，就不必如此在好几个重要的事情之间做选择了。但如果你被赋予了存在本身就是一件妙事，如果"你整个人生的时间就是借来的"，那么更合情理的不应该是去津津乐道你还能够做出选择，而不是唠叨着你不得不做选择吗？从这个角度来看，情况似乎就显得没那么令人遗憾了：每个决策时刻都变成了一个机会，你可以从诱人的菜单中挑选各种可能性，而你原本可能根本拿不到这个菜单。由此可见，为自己被骗走了其他所有选择而自怜自艾也是讲不通的。

这种情况下，做出选择，从菜单中挑出一个选项，就完全不是代表某种挫败，而是一种主张了。它是积极的承诺：你要将自己获得的时间的一部分用来做这件事，而不是那件事——实际上，你要放弃无数个其他的"那件事"，因为你认为这件事才是当下最重要的。换言之，恰恰因为我本可以选择一个也许同样有价值的不同方式度过今天下午，才让我实际做的选择有了意义。当然了，人生也是同样的道理。比如说，恰恰是因为你和这个人结婚，排除了与其他人相会的可能性（也许其他人才是真正更好的伴侣，谁说得准呢？），婚姻才变得有意义。当你领悟到这个关于有限性的真相时，有时心头会升起一股愉悦之情，它被称为"错失的喜悦"，以专门对比于"错失的恐惧"这个概念。你会激动地发现，你其实并不真的想要有做尽一切的能力，因为若是不必决定放弃什么，那做出的选择也不可能有什么真正的意义。以这样的心境出发，你就能够欣然接受自己放弃某些喜乐，或忽略某些责任，因为无论你决定做的其他事是什么——赚钱养家、写小说、给宝宝洗澡，或在黄昏时分的徒步路上驻足凝视一轮冬日斜阳沉入地平线以下，它都是你对如何使用自己的一段时间所做的选择，而你原本并没有什么权利去指望自己获得时间。

成为更好的拖延者

不过，或许我们把这一切弄得有点太形而上了，这有点危险。许多考虑过人类有限性问题的哲学家都不愿将他们的观察转化为实用的建议，因为那很像自我救助的心灵鸡汤。（怎么会有人还想要救助自己，这可是天理不容的！）不过他们的洞见确实为日常生活带来了具体的、难以预见的影响。别的不说，他们明确地指出，管理我们有限时间的核心挑战不在于怎样做完所有事（那根本就不可能），而在于怎样明智地决定不做什么，以及怎样坦然不去做这件事。如美国作家兼教师格雷格·克雷奇所说，我们需要学会更善于拖延。某种程度上的拖延是免不了的：诚然，不管什么时候你都想把事情拖到以后再做，等到了人生的终点，可以说你没有做完理论上能完成的任何一件事。因此问题不在于根治拖延，而在于更明智地选择你要拖延何事，以便专注于最重要的事。衡量时间管理技巧效果的真正标准，是它是否能让你忽略那些应该忽略的事。

这类技巧大部分都不靠谱，容易弄巧成拙。大多数生产力专家提供的方法都是在让我们继续认为有可能做完所有事，反倒催生了我们的时间问题。或许你听过那个往罐子里装石头的老套寓言，它在史蒂芬·柯维1994年出版的《要事第一》(*First Things First*)中被首次提出，此后便在生产力圈子里被不断提及。我最熟悉的一个版本是，有一天一位老师来到课堂上，带来几块大石头、一些鹅卵石、一袋沙子和一个大玻璃罐。他向学生们提出挑战：能否将所有的大石头、鹅卵石和沙子都装进罐子里？学生明显没那么聪明，他们尝试先放进鹅卵石或沙子，结果发现放不下大石头。最终，老师微笑着（带着几分优越感）演示了解决方案：他先是装进了大石头，然后是鹅卵石，接着是沙子，那些更小的沙石刚好卡进了大石头的空隙里。这个故事的寓意是，如果你首先安排时间做最重要的事，就能将其全部完成，并且还有足够时间做其他次要的事。但如果你不按这个顺序处理待办清单，那就永远没时间做那些更重要的事。

故事结束了，不过它是个谎言。那位自命不凡的老师不够诚实。他在演示中动了手脚，只带了少数几颗大石头进入教室，他知道这些大石头能全都装进罐子。然而对于今天的时间管理来说，真正的问题并不是我们不擅长优先处理那些大石头，而是大石头实在是太多，大多数甚至连罐子边都够不着。关键问题不是如何区分重要与不重要的事，而是有太多事情看起来都挺重要，都可以算是大石头，这时我们该怎么做。幸好有一些智者已经解决了这个难题，他们的建议围绕着三大原则展开。

◎ 创造性忽略的艺术

原则一，在时间问题上，先偿付自己。这句话借用了漫画小说家兼创造力教练杰西卡·阿贝尔的说法，这是她从个人财富管理领域中借鉴来的。这句话在个人财富管理领域非常管用，因而被奉为圭臬。若你在领到薪水当天就拨出其中的一部分作为储蓄或者投资，或者偿还债务，那你很可能不会觉得少了这笔钱。你会忙起自己的事，买日常生活用品、付水电费，就好像从一开始就没有这笔钱似的（当然，这个做法也有限制：如果你挣的钱刚好只够生活开销，这个计划就行不通）。但如果你像大多数人那样"最后偿付自己"，先去买你需要的东西，心里希望最后会剩下一些钱存起来，那你往往会发现自己最后一分钱都不会剩。这不一定是因为你肆意挥霍，花钱去买了拿铁，享受足部护理，买了新的电子产品。花出去每一笔钱的时候，你可能都感觉特别合理且必要。问题是我们特别不擅长做长期规划：某件事在现在感觉像是头等大事，但实际上你很难冷静评估一个星期或一个月后是否还会觉得它如此重要。于是我们自然会在花钱方面犯错，当钱包空空如也时才悔不当初。

  阿贝尔指出，同样的逻辑也适用于时间。你若是为了给最重视的事情腾出时间，优先处理其他占用你时间的要事，心里希望最终会有一些时间剩余，那你会失望的。因此，如果某件事对你确实很重要（比如负责一个创造性的项目，或者经营一段感情，或者从事某项事业），那么保证它能实现的唯一方法是今天就去做一部分，无论这一部分有多小，无论还有多少特别大的石头在呼唤你的关注。阿贝尔多年来都努力为漫画工作腾出时间，努力"驯服"自己的待办清单，也努力调整时间表，可结果都以失败告终。这时她才明白，唯一可行的办法是反过来索取时间——立刻开始画画，画一到两小时，每天都画，并且接受它带来的后果，包括忽略一些她真心重视的事情。"如果你不为自己省下一点时间，现在就做，每星期都做，"她说，"你将来也不会有那么一天，突然发现自己能神奇地做完所有事，还有大把的空闲时间。"同样的洞见也体现在两条珍贵的时间管理建议里：用每天工作的第一个小时做最重要的项目、预先排好与自己"开会"的日程来保护自己的时间。你可以在日历上做记号，让这段时间不被其他事情打扰。从"先偿付自己"的角度思考问题，这些一次性的小窍门就会成为人生哲理，其核心是一则简单的洞见：若你计划用四千个星期的一部分去做对自己来说最重要的事，那么只要决定了就得开始行动。

原则二，控制手头上工作的数量。或许我们在对抗时间有限这个事实时，最吸引人的做法就是同时开始好多个项目；这样一来你会感觉自己有很多事情要做，而且每件事都在取得进展。然而到头来往往没有一项工作能有进展，因为每当一个项目变得困难，令人生畏，感到枯燥，你就可以去做另一个。你的确保持了掌控感，不过代价是无法完成任何重要的事。

另一个办法是，为自己在同一时间段内能做的事情设定一个严格的数量上限。《个人看板》（Personal Kanban）一书就详细讨论了这一策略，作者为管理专家吉姆·本森与托尼安娜·德玛莉娅·巴瑞。书中建议同一时间的任务数量不要超过三件。一旦你选定了这些任务，那么所有其他事就都必须排队，直到这三件任务中有一件完成，空出一个位置（也可以在一个项目进行不下去时彻底放弃它来空出一个位置。这样做的目的不在于迫使自己对所有事情都有始有终，而是改掉坏习惯，不要总让一大堆只完成了一半的项目搁在那里，越积越多）。

我对自己的工作方式做出了这个小小的改变，它的效果却大得惊人。我再也无法忽略一个事实，即我能处理的工作数量极为有限。因为每当我从待办清单里选出一件新的任务，作为三件进行中的项目之一，就不得不为了专注一件工作而掂量一下其他所有免不了被忽略的工作。正是因为我被迫以这种方式面对现实——认识到我为了完成一件工作而总是在忽略大多数工作，认识到同时进行所有工作是不可能的——我才获得了一种强大的不受干扰的平静，生产效率也比偏执于生产力时高很多。另一个令人开心的结果是，我发现自己能轻松分解项目并对其分块管理了。我之前一直都在理论上赞成这个策略，从未好好践行，现在我凭直觉就能做到：很明显，若我指定"写书"或"搬家"作为进行中的项目之一，它就会在我的工作系统里堵上好几个月，于是我自然会想弄明白下一步该怎么走才好。与其尝试完成所有事，我发现接受这个事实更容易：我每天只能做少数几件事。这样做有了不同的结果：我真的会去做这些事。

原则三，抵抗次优先级工作的诱惑。有一则来自沃伦·巴菲特的故事——不过这很可能只是传闻，有智慧的见解一般被认为出自爱因斯坦或是佛陀，无论其真实来源如何。有一次，这位以头脑精明闻名的投资家被他的私人飞机驾驶员询问如何设定事项的优先级。如果是我，我很想回答："专心开飞机就好！"不过故事很显然不是在飞行途中发生的，因为巴菲特给的建议不是这个。他告诉驾驶员，列出自己人生中最想实现的25件事，将它们按从最重要到最不重要的顺序排列。巴菲特说，应该安排时间去处理排在前五的事。而驾驶员接下来听到的内容出乎他的意料。据说巴菲特告诉他，剩下的20件事并不是他一有机会就应该做的次优先级的事。完全不是。事实上，他应该不惜一切代价极力避免去做这些事，因为这些目标没有重要到形成他人生的核心，却又有足够的诱惑力，让他无法专心做最重要的那几件事。

你不需要完全遵照这个故事，一条一条地写下自己的人生目标（反正我没写），也能理解这背后的道理。这世上有太多的大石头，其中正是那些只是比较吸引人的石头——比较有趣的工作机会、不温不火的友谊——会让有限的人生惨遭失败。心灵鸡汤常说，我们大多数人都要学会说不。不过正如作家伊丽莎白·吉尔伯特所言，人们很容易认为这句话只是要我们鼓起勇气拒绝各种本来就不想做的琐事。她解释说，这事实上"要困难得多。你需要认识到你只有一次人生，要学会拒绝你确实想做的事情"。

◎ 完美与崩溃

如果说高明的时间管理在于学会恰当地拖延，面对人生有限的真相，并相应地做出选择，那么另一种拖延——那种糟糕的、让我们无法推进重要工作的拖延，往往是由于想避免面对这个真相造成的。积极的拖延者会接受无法完成所有工作的事实，尽可能明智地确定哪些工作该关注，哪些该忽略。相比之下，糟糕的拖延者会发现自己崩溃了，这恰恰是因为他连直面自己的有限性的想法都不敢有。对这些人来说，拖延是一种情感回避的策略，这种方法可以让他无须承认自己是一个有限的人，尽量不用感受由此带来的精神上的痛苦。

当我们陷入这种消极的拖延时，我们想要避免受到限制，这种限制往往与我们能在现有时间里做完多少事无关。常见的情况是，我们担心自己没有天分打造出品质足够好的作品，担心其他人的反应没有我们希望的那么好，担心在某些情况下事情没有朝我们想的方向发展。哲学家克斯提卡·布拉达坦用一则寓言说明了这一点。一位来自波斯设拉子①的建筑师设计出了世界上最美的建筑：那是一座令人惊艳的建筑，它耀眼炫目，独具一格，却又具有经典的匀称比例；它气势宏伟，令人惊叹，却又含蓄而不事张扬。所有见过设计图纸的人都想买走它，或是偷走它；著名的建筑工匠都盼望着能接下这工作。但这位建筑师却将自己锁在书房里，盯着图纸看了三天三夜，然后一把火将它烧了。他也许是个天才，但他也是个完美主义者：他想象中的建筑完美无瑕，可一想到它有朝一日成为现实后可能要面对的妥协，他就感到难受。即便最伟大的建筑工匠也无法绝对忠实地再现他的设计，他也无法保护自己的创作不经受时间的摧残——无论是外观的腐朽还是军队的劫掠，都会让它最终化为灰烬。实际建成这座建筑，迈进有限性的世界，意味着要直面所有无法面对的情景。与其屈服于满是限制和不可预知的现实，还不如去怀念那个尽善尽美的

---

① 设拉子，地处伊朗西南部，是伊朗第五大城市。——译者注

幻想。

布拉达坦认为，当我们在拖延某件重要事情时，通常也怀有同样的心态。我们看不到，或者拒绝接受这样的事实，任何将想法变为具体现实的尝试必定没有理想中那般完美，无论我们在执行过程中多么成功——因为现实不像幻想，在现实世界，我们没有无限的控制权，也不可能达到完美主义者的标准。我们才华有限，时间有限，对事件和他人行为的控制也有限，这些问题总是会让我们的创作没有那么完美。虽然乍听起来可能令人沮丧，但它包含的信息却让人如释重负：如果你拖延某事是因为担心自己无法做得足够好，那么你大可放心——因为依照你想象中毫无缺陷的标准判断，你绝对没法做得足够好，所以倒不如立刻开始行动。

这种回避有限性的拖延当然不仅限于工作领域，它在感情关系中也是一大问题。拒绝面对有限性的真相，会让人们连续多年陷入一种悲惨的、不确定的关系之中。有一则具有告诫意味的故事，讲的是史上最糟糕的男友，弗兰兹·卡夫卡。他最重要的恋情始于布拉格1912年夏季的一个夜晚，那年他二十九岁。当晚，卡夫卡在朋友马克斯·布罗德家里吃晚餐，他遇见了马克斯的远亲，从柏林来的菲利斯·鲍尔。她是一位思想独立的女性，二十四岁时就在德国的一家制造公司有了成功的事业。她质朴又有活力，深深吸引了有神经官能症且局促害羞的卡夫卡。我们不知道女方的感情有多么强烈，因为只有卡夫卡的叙述保留了下来，而他当时被迷得神魂颠倒。很快，一段恋情开始了。

至少，这段恋情以书信往来的形式开始了：在接下来的五年里，这对恋人互通了数百封信件，却只见了几面，而且每次见面显然都让卡夫卡痛苦万分。两人第一次见面的几个月后，他终于同意了第二次见面，不过就在见面当天早上，他发电报称他来不了了。之后，他还是来了，不过显得闷闷不乐。两人最终订婚时，鲍尔的父母举办了庆祝宴。不过卡夫卡在日记里坦言，出席这场宴席让他感觉自己"像是一个束手就擒的罪犯"。没过多久，在柏林的一家饭店约会时，卡夫卡就取消了婚约，不过两人还是照常通信。（卡夫卡对这一点也很犹豫不决。"我们确实应该停止写这么多信了。"他有一次在给鲍尔的信里这样写道，应该是在回复她的一个提议，"昨天我已经就这个问题开始写信了，明天会把它寄出去。"）两年之后，婚约又恢复了，不过只恢复了一阵子：1917年，卡夫卡以肺结核病发作为由，第二次也是最后一次取消了婚约。鲍尔后来嫁给了一个银行家，有了两个孩子，还搬到了美国，在那里开了一家成功的针织品公司——她离开的那段关系充满噩梦般无法预测的反悔，实在是太"卡夫卡"了。

也许我们很容易将卡夫卡归为"受折磨的天才"这个类型，将他看作一个与普通人没什么关联的遥远人物。不过正如评论家莫里斯·迪克斯坦所写，真相是——他的"神经官能症与我们的并没有什么两样，也没有更怪异：只不过他的症状更强烈、更彻底……（并且）被天赋逼到了一种完全不快乐的状态，那是一种我们大多数人永远达不到的状态"。卡夫卡和我们一样抱怨着现实的束缚。他对爱情犹豫不决，对其他大部分事情也是如此，因为他渴望过不止一种人生：他要成为受人尊敬的公民，因此他白天一直做着保险理赔调查员的工作；他希望与另一个人在婚姻中拥有亲密关系，意味着要娶鲍尔为妻；然而他也要毫不妥协地献身于写作事业。在给鲍尔的信中，他不止一次地将这种矛盾描述为身体里"两个自己"在相互搏斗——其中一个深爱着鲍尔，另一个则完全投入文学中，就连"挚友离世，感觉也不过是阻碍"了他的工作而已。

卡夫卡的痛苦程度也许到了极致，不过其根本矛盾，与任何人夹在两件事之间的左右为难没什么不同：让他们进退两难的选择或许是工作与家庭，或许是一份白天的工作与一份创作天职，或许是家乡与大城市，或者是任何其他可能的生活冲突。卡夫卡的应对方式也像我们其他人一样，他尽量不去面对问题。他将自己与鲍尔的恋情局限于书信往来的范围内，这样一来就能紧紧抓住这样一种可能的人生，既保持着与鲍尔的亲密关系，又不会让感情与自己对工作的狂热形成竞争，就像现实生活里的恋情必然会发生的那样。人们试图逃避可能来临的有限性时，并非总是体现为卡夫卡式的承诺恐惧症：有些人表面上的确对感情关系做出了承诺，但内心却没有全情投入。有些人则多年处于乏味的婚姻中,他们本该离开却没离开,因为总想着留条后路,想着这段感情还是有可能发展成为长期的、令人满意的关系,同时还想着,等未来有了约会对象再离开也不迟。不过,本质上这些都是逃避。鲍尔曾绝望地建议她的未婚夫试着"更多地活在现实世界里"。不过那恰恰是卡夫卡极力避免的。

九百多公里外的巴黎,在卡夫卡遇见鲍尔的二十年前,法国哲学家亨利·伯格森就在他的著作《时间与自由意志》(*Time and Free Will*)里直击卡夫卡问题的核心。伯格森写道,我们总是犹豫不决,而不是一条路走到底,因为"未来是由我们按照喜好规划的,它在我们眼里同时展现为多种形式,每一种都很吸引人,每一种似乎都有可能实现"。换言之,以我为例,我很容易幻想,比如我的一生取得了事业上的卓越成就,当个好爸爸、好丈夫,还积极参加马拉松训练,或漫长的冥想静休,或在社区做志愿者——只要我只是在幻想,就能想象所有这些画面在同一时间完美地展开。不过一旦我开始尝试,想过上其中任意一种生活,我就得被迫做取舍,必须在其中一个领域投入少于预期的时间,以便为别的事情腾出时间,还得接受我做的事都不会有尽善尽美的结果,因此,与幻想中的人生相比,我实际的人生免不了令人失望。伯格森写道:"未来这个概念孕育着无限的可能性,因此它比未来本身要丰富得多。这就是为何我们发现希望比实际占有更迷人,梦想比现实更具诱惑力。"而我想说的是,这段话看似令人沮丧，实际上却令人感到解脱。既然现实世界里每选择一种生活方式，都意味着失去了无数种其他的生活方式，那我们就没有理由拖延或者拒绝做出承诺，还焦虑地希望自己有办法避免这些失去。失去是注定的。木已成舟——这是一件多么令人宽慰的事啊。

❃ 不可避免的安定

这让我想到一条恋爱建议（其实我没有几条恋爱建议能完全有信心地讲出来），不过实际上，这条建议也适用于人生的其他方面。它是关于"安定"的。现代社会充斥着常见的担心，比如担心自己陷于一段不甚理想的恋爱关系，或者伴侣配不上你优秀的魅力（这种担心在事业方面则体现在"安定"于做一份能支撑生活开支的工作，而不是全情投入你的激情所在）。成千上万篇杂志文章和Instagram上的励志表情包一致认为，安定是罪过。不过这种公认的"智慧"是错的。你一定要安定下来。

更确切地说，你其实毫无选择。你将会安定——而且这个事实应该会让你高兴。美国政治理论家罗伯特·古丁就这一话题写了一部专著《论安定》（*On Settling*），其中他论证道，首先，我们对于"安定"的定义是前后矛盾的。每个人似乎都同意，谈恋爱的时候，如果你暗自觉得自己还能找到更好的人，那你就是在将就，因为你选择与一个不甚理想的伴侣共度部分人生。然而，既然时间有限，那么决定拒绝安定，花上十年时间，不停地在约会网站上搜寻完美的另一半，其实也是一种将就，因为你选择了在另一种不甚理想的情况下度过你人生中宝贵的十年。此外，古丁观察到，我们常将安定的生活和他定义的"奋斗的"生活，或者说那种极致圆满的生活拿来对比。但这也是一个错误，不仅因为安定不可避免，还因为要想活得极致圆满，你就必须安定。"你必须以一种相对持久的方式安定，沉淀于某个奋斗目标，让你的奋斗可以算得上是奋斗。"他写道。如果不首先"安定"于法律、艺术、政治，并决定放弃其他职业可能带来的报酬，你就无法成为一位特别成功的律师、艺术家、政治家。如果你在各种职业之间跳来跳去，那么你一个也干不好。同样，一段恋情也不可能完全令人满意，除非你愿意，至少在一段时间内安定于这段恋情，接受它所有的不完美。也就是说，你得拒绝无数个想象中更好的选择所带来的巨大诱惑。

当然了，我们极少用这样的智慧去对待恋爱关系。相反，我们花费数年时间，却无法对任何一段恋爱关系完全给出承诺——一旦这段关系变得认真起来，我们就会找个理由撤退，或者在关系中心不在焉、逢场作戏。又或者像是每个有经验的心理治疗师遇到过数百次的情景，我们确实给出了承诺，不过接下来，三四年之后，我们就开始考虑分手，认定自己伴侣的心理问题让两个人过不下去了，或者认定两人并没有原本以为的那样般配。在某些情况下，这些问题可能确实存在，人们有时候会在爱情方面做出尤其糟糕的选择，在其他方面也是如此。不过更常见的是，真正的问题只是源于对方是另一个人。换言之，造成你的难题的并非你的伴侣特别糟糕，或者你们两人特别不般配，而是你终于注意到了伴侣具有的（不可避免的）一切局限性。对比于幻想世界，你感到深深的失望，毕竟幻想世界不受现实法则的限制。

伯格森关于未来的观点（未来比现在更有吸引力，因为你可以尽情地期盼，即使这些期盼充满矛盾也没有关系），也同样适用于想象中的恋爱伴侣问题。想象中的人可以很容易展现出一系列性格特征，而在现实世界里，这些不可能并存于同一人身上。例如，进入一段恋爱关系时，你往往会不自觉地希望你的另一半既能带来无尽的安定感，又能带来无限的新鲜与刺激。当事情没有这样发展时，你往往认为问题出在你的伴侣身上，兼具这些品质的可能另有其人，因此应该开始找下一个了。而事实上，你的这些需求本身就相互矛盾。如果一个人能源源不断地带给你新鲜刺激，那么一般而言，这些品性会与始终带来安定感的那些品性相互对立。在一个真人身上同时寻找这两样品质，就好像期待你的另一半既身高一米八，又身高一米五一样荒谬。

你不仅应该安定，还应该以一种更难退出的方式安定，比如说同居、结婚、生子。我们费尽心力避免面对有限性，去继续相信不必在两个互斥选项之间做出选择。很讽刺，当人们以一种不能走回头路的方式最终做出选择时，他们反而因此更觉快乐。我们会尽一切所能避免自绝后路，继续活在不受限制约束的未来幻想中，可一旦断了后路，我们又会为此感到开心。在一次实验中，哈佛大学社会心理学家丹尼尔·吉尔伯特和一位同事让几百名受试者从一堆版画中挑一幅免费带走。之后他将受试者分为两组。第一组人被告知，他们可以在一个月内将自己挑的版画换成其他任意一幅画；第二组人被告知，他们做出的决定无法改变。随后调查显示，后一组人（他们无法改变决定，因此不会被仍可以做出更好选择的想法分心）对自己所选艺术品的欣赏程度要高得多。

要证明这一观点，并不一定需要心理学家。吉尔伯特的研究反映了一种根植于众多文化传统的洞见，最明显的例子就是婚姻。当夫妻双方同意"同甘共苦"而非大难临头各自飞时，他们便达成了一项协定，这不仅会帮他们渡过难关，还可以让幸福的日子更加令人满意。因为如果他们一心一意投入那个唯一的行动方向，就不太可能同时追求想象中的其他选择。通过有意识地做出承诺，他们断绝了关于无限可能性的幻想，选择了我在前述章节里提到的"错失的喜悦"：他们认识到，正因为放弃了其他可能性，他们的选择才变得有意义。这也是为什么对一直害怕或拖延的事终于采取行动，会让人感到意想不到的平静——终于提交了辞职报告，终于为人父母，终于解决了一个烦人的家庭问题，或者终于成交买房。当你不再能背转身去，焦虑就会消失，因为现在只有一个行进方向了：向你选择的结果前进。

西瓜难题

2016年，让选民呈现两极分化的美国总统竞选日趋激烈，全球各地共爆发了超过30起武装冲突。就在当年4月的一个星期五，大约300万人花了他们一天当中的部分时间，收看了BuzzFeed（美国一家新闻聚合类网站）的两名记者在一颗西瓜上绑橡皮筋的节目。在这难熬的43分钟里，压力逐渐增加。这压力既施加在观众的心理上，也施加在西瓜上。直到第44分钟，他们开始绑第686根橡皮筋。接下来发生的事并不会让你感到惊奇：西瓜爆开了，现场一片狼藉。两名记者相互击掌庆祝，擦掉溅到护目镜上的西瓜浆，然后拿起西瓜吃了起来。节目结束了。地球继续绕着太阳转。

我并不是在暗示，花44分钟盯着网络上的一颗西瓜是一件特别丢人的事。恰恰相反，鉴于2016年之后的几年内，互联网生活发生了很大变化，在压抑与迷茫之中，人们不再沉迷于在线问答测验和喵星人视频，而是在社交媒体上"阴暗刷屏"无数糟糕的新闻动态。相比之下，BuzzFeed的西瓜恶作剧已经感觉像是欢乐时光里的故事了。但这值得一提，因为它能够说明一个棘手但人们却刻意回避的问题，我目前为止一直在谈的所有时间和时间管理问题都与这个问题有关。这个问题就是分心。毕竟如果你的注意力一天天被这样夺走，放到你从未想关注的事情上，那你有多么努力充分利用有限的时间都没用。可以肯定，这300万人当中，没有一个人在那天早上醒来时想用自己生命中的一部分时间看一颗西瓜爆开。开始看节目的时候，他们也不一定觉得自己是自由选择做这件事的。"我特别想停下来不看了，不过我已经看了这么久了。"脸书上的一条评论透着特别悔恨的语气。"我看着你们这些家伙给一颗西瓜绑橡皮筋足足40分钟。"另一人写道，"我在拿自己的人生干吗啊？"

此外，这则西瓜的故事提醒我们，如今的分心问题几乎全都是数字化带来的：当我们想要集中精神时，是互联网在妨碍我们。不过这种看法具有误导性。哲学家们至少从古希腊时代起就在考虑分心的问题，他们认为分心与其说是源于外部干扰，倒不如说是在于内在性格问题——一个人的内心发生了系统性的问题，无法将时间用于他声称的最重视的事。他们如此认真地对待分心问题，原因很简单：你关注什么，现实对你而言就是什么样子。正因如此，我们也应该关心这一问题。

即使那些花大量时间为现代版的"分心危机"忧心的评论者，

似乎也极少领悟这个问题的全部含义。比如，你可能听说过注意力是一种"有限的资源"这种说法。它的有限性显而易见：根据心理学家提摩西·威尔逊的一项计算，在任何一个时刻，对于各种不断轰炸大脑的信息，我们能够注意到的大约只有0.0004%。不过，将注意力描述为一种"资源"，似乎就误解了它在我们人生中的核心地位。我们作为个人所依赖的大部分其他资源，比如食物、钱、电，都是让生活便利的东西，在有些情况下没有这些东西我们也能活下去，至少能坚持一段时间。但注意力简直就是人生：你活在世上的体验，就是由你注意到的所有事物的总和。在人生终点，你回首往昔，那些引起你注意力的一个个片段就是你走过的人生。因此当你将注意力放在某个并不特别重要的事物上时，毫不夸张地说，你就是在付出你的人生。从这个角度来看，"分心"并不能简单理解为精力的一时涣散，就像你在工作时被短信铃声或一则吸引眼球的可怕新闻打断那样。工作本身可能就是分心之事，因为你投入了注意力的一部分，也就是人生的一部分，而你原本可以选择做更有意义的事。

这便是为何塞涅卡在《论生命之短暂》中如此严厉地抨击他的古罗马同胞，因为他们追求自己并不真正关心的政治生涯，举办自己并不特别享受的精美宴会，或者只是"将他们的身子晒在太阳底下"：这些人似乎并未意识到，屈从于这样的分心是在挥霍他们存在的本质。在这里，塞涅卡听起来有点像是一个拘谨的、痛恨乐趣的人——毕竟晒一下日光浴又有什么错呢？老实说，我怀疑他就是这么一个人。不过关键不在于你花时间放松的这个行为有错，无论是在沙滩上还是在BuzzFeed上放松都没问题。关键是，这些人的分心根本不是主动做出选择。他们的注意力被外力所左右，但这些外力并没有将他们的最高利益放在心上。

我们如今经常被告知，对于这种情况，正确的应对策略是让自己在面对干扰时不分心：去了解"持续专注"的秘密（通常包括冥想、网页拦截应用程序、昂贵的降噪耳机，以及更多的冥想），以便一劳永逸地赢得对注意力的争夺战。不过这是个陷阱。当你的目标是控制自己的注意力到这种程度时，就已经错了。你本来是要应对人生限制性的一个真相，即你的时间有限，需要好好利用它，而方法却是去否定关于人生限制性的另一个真相，即完全控制注意力几乎是不可能的。无论是哪种情况，做到随心所欲地控制注意力，都会产生非常不好的后果。假使外力无法夺走你的部分注意力，你就无法躲过将要撞过来的公交车，也听不出你的宝宝不舒服。当然好处也不仅限于这些紧急情况，正是出于同样的原因，你才能够被日落的美景所吸引，能够注意到房间对面的陌生人。正是因为分心的能力体现出明显的生存优势，我们才以这样的方式进化。在旧石器时代，采集狩猎者如果能够机敏地注意到树丛里的沙沙声，无论他对这声音喜欢与否，都会比那些只有刻意去听才能辨别沙沙声的人更有生存发展的可能性。

神经系统科学家称之为"自下而上"或者不自觉的注意力。如果没有它，我们将很难存活。而你对另一种注意力——"自上而下的"或自觉的注意力——施加影响的能力，能够决定你是活在美好中还是活在地狱般的苦难里。一个经典又极端的例子是《活出生命的意义》(*Man's Search for Meaning*)的作者、奥地利心理治疗师维克多·弗兰克的遭遇。他被囚于奥斯维辛集中营时能够抵御绝望，是因为他能将一部分注意力转向集中营警卫唯一无法破坏的地方：内心。他当时能够对内心进行一定程度的自我调节，来抵御外来的压迫，不让自己堕落成一只低下的动物。而这个鼓舞人心的真实事件的反面是，如果你无法按照自己的意愿转移部分的注意力，那么即使你在比集中营好得多的环境里度过一生，到头来可能仍然感觉没有意义。毕竟要想拥有任何有意义的体验，你就必须专注其中，哪怕只是一点点。否则，你到底有没有真正拥有它呢？你不去体验，那么这体验你能够拥有吗？如果心不在焉，那即使是米其林餐厅里最精致的菜肴可能也像一盘方便面；如果你从未花时间真正思考过一段友情，那这也只是名义上的友情。"注意力是关爱的开始。"诗人玛丽·奥利弗写道。她指出这一事实，即分心与关爱互不相容：你无法真正去爱伴侣和孩子，无法将自己献给一份工作、一份事业，或者只是体会在公园里散步的愉悦，除非你首先能将注意力停留在你投入的对象上。

◎ 误用你人生的机器

这一切都有助于弄清为何当代互联网的"注意力经济"如此令人警觉。我们近几年听过太多次这个词：它本质上是指一台大型机器，通过让你关注你并不关心的事物，来说服你做出错误的选择，误用自己的注意力，虚度你有限的人生。而你几乎控制不了自己的注意力，无法为自己的注意力下命令，让自己不要屈从于这台机器的诱惑。

到目前为止，我们许多人都熟悉了大概的情况。大家都知道，我们使用的"免费"社交媒体平台并不是真的免费，就像俗话说的，你不是客户，而是被销售的产品：换言之，科技公司的利润源于攫取我们的注意力，然后将它卖给广告商。我们至少已经隐约意识到，智能手机在追踪我们的每一个动作，记录我们如何滑动点击，对什么会多看一会儿，对什么会一滑而过，然后根据这些收集到的数据，准确展示最有可能让我们上瘾的内容，通常也就是那些让我们最为气愤或者最为恐惧的内容。因此，社交媒体上所有的争吵、假新闻，以及公开羞辱，在平台的老板看来都不是缺陷。它们是这种商业模式不可或缺的一部分。

你也许还注意到，这一切都是通过"说服式设计"来传递的。这是一个概括性术语，指的是从赌场老虎机的设计者那里借来的一系列心理学技巧，专门用来鼓励人们产生上瘾行为。我们随处可见的下拉刷新手势就是一例，它利用一种叫作"可变奖励模式"的现象，让人们不断滑动屏幕。当你无法预测刷新屏幕后能否看到新的内容时，这种不确定性会让你更有可能不断尝试，一次、两次、三次，就跟玩老虎机的情形一样。罗杰·麦克纳米原来是脸书的投资人，后来变成了它的批评者。他认为，当这整个系统达到某种无情的高效水平时，用户是"被销售的产品"这种老生常谈似乎就不那么合适了。毕竟，即便是对待产品，公司一般都还有动力带着一点点尊重。这可比有些公司对待用户的方式好多了。麦克纳米认为，更好的比喻是用户是燃料，是被扔进硅谷之火的木材，是没有人味的注意力资源库，被毫不留情地开采利用，直至耗尽。

不过相比之下，很少有人意识到这种分心对我们的影响有多么深，多么严重地破坏着我们为依照自己的意愿支配有限时间而做的努力。当你不经意间在脸书上浪费了一个小时，回过神以后你会原谅自己，认为你浪费掉的时间只不过是虚度的一小时而已。可是你错了。因为注意力经济的设计是优先列出最引人注目的内容，而非最真实、最有用的内容，它时时刻刻都在系统性地扭曲我们头脑中关于世界的印象，这些被扭曲的判断也影响着我们如何分配自己的线下时间。比如说，如果社交媒体说服了你，你所在城市的暴力犯罪比实际情况严重得多，那么你在街上走路时可能会害怕得不到安全保障，可能会待在家里而不是出去探险，还可能会避免与陌生人接触。因此，电子设备不仅仅让我们从更重要的问题上分心，而且首先改变了我们对于"重要问题"的定义。用哲学家哈里·富兰克福的话说，它们破坏了我们"想要得到我们需要之物"的能力。

我自己作为推特成瘾者的那段历史就是一个很好的例子，尽管它卑劣不堪，但可能非常具有代表性。即使在我对推特依赖最严重的时候（现在恢复了），我也极少一天超过两个小时盯着屏幕。不过推特对我注意力的支配远超于此。在我关掉这个应用程序之后很久，当我在健身房的跑步机上喘气时，或者在准备晚餐时，脑子里还在进行激烈辩论，辩论对象是我当天早些时候不幸在网上遭遇的某个持有错误观点的笨蛋（当然了，这并非真的是我运气差。算法了解什么会吸引我，于是故意向我展示了这些帖子）。或者刚出生的儿子做了一些可爱的事情，我就会想着怎么在推特上描述一番。仿佛重要的不是体验本身，而是我作为推特内容提供者的角色（而且没有报酬！）。让我记忆犹新的是，一次黄昏降临时，我独自走在苏格兰的一处沙滩上，有海风吹过，我突然感受到了"说服式设计"带来的一种特别令人不安的副作用：当你参与的活动不是被一群专业的心理学家精心设计，绞尽脑汁以确保你的注意力不会减弱时，你便会开始感到焦躁不安。我十分喜欢黄昏时分有风吹过的苏格兰海滩，比我记得的在社交媒体上遇到的任何事都要喜欢。不过只有后者是专门设计用来不断迎合我的兴趣，牵动我的神经，以便能始终抓住我的注意力。难怪现实的其余部分有时似乎无法与之竞争。

与此同时，我在网络世界遭遇的无望感渗透进了现实世界。我大口灌进推特上汹涌的愤怒与痛苦（那些新闻和评论专门被选来供我阅览，恰恰因为它们不合常态，也成为它们特别引人入胜的原因），这必然会让我将生活中其余的不合常态看作就是常态，这就意味着要时刻准备好面对冲突或者灾难，或者怀有一种模糊的不祥预感。毫不奇怪的是，这应该无法奠定充实的一天。让情况更糟糕的是，你可能甚至很难注意到，你对于人生的看法正以这样一种令人压抑的方式发生改变。这多亏了注意力的一个特殊问题，那就是注意力极难自我监控。你能够用来查看自己注意力状态的唯一感官就是你自己的注意力，而它恰恰已经被左右了。这意味着，一旦注意力经济已经让你足够分心、恼火、紧张，你很容易就会认为如今的生活免不了就是这样。用T. S. 艾略特的话来讲，我们"被分心之事从分心的状态中分走了神"。一个令人不安的可能性是，如果你确信这些都不是你的问题，社交媒体并没有让你变成一个更加愤怒、更缺少同理心、更加焦虑、更加漠不关心的人，很可能是因为它已经做到了。你有限的时间已经被占用了，只是你尚未意识到任何差错而已。

正如技术评论家崔斯坦·哈里斯常说的那样，每当你打开一个社交媒体应用程序，就会有"一千个人在屏幕的另一头"依靠将你留在那里来赚钱。因此，期待用户仅仅通过意志力就能抵抗对其时间和注意力的"袭击"是不现实的。政治危机需要靠政治方案来解决。然而，如果从最深的层次理解分心的问题，我们也必须承认这一切的背后有一个令人尴尬的真相：用"袭击"一词来形容并不正确，这个词暗示着不请自来的攻击。我们不必放过硅谷，不过我们也应该老实交代，很多时候我们自愿屈服于分心之事。我们内心有些东西想要我们分心，无论是通过电子设备还是其他任何东西，它要我们不将自己的人生用在本来最在乎的事情上。召唤自内传来。这是我们努力不虚度有限的人生时面临的最阴险狡猾的障碍之一。因此，现在是时候仔细审视它一番了。

亲密的阻碍者

如果你在1969年的冬天行走于日本南部的纪伊山地，那么你有可能见到非同寻常的一幕：一个苍白消瘦的美国男人，浑身赤裸，将一个大木桶内半结成冰的水朝自己迎头泼下。这个人名叫史蒂夫·杨，他正在接受训练，成为佛教真言宗的一名僧人——不过到目前为止，除了得到一连串的羞辱，他毫无进展。首先，高野山寺院的住持拒绝让他进门。这个高高瘦瘦、就读于亚洲研究专业的白人博士生到底是什么来头？他凭什么认定自己适合日本僧人的生活？最终，经过一番纠缠，杨被允许留下来，条件是他必须在寺院里做各种杂役，比如打扫走廊和洗碗。现在，他终于获准开始一百天的独自静修了，这标志着他的僧侣之路迈出了真正的第一步——结果他却发现，他得住在一间没有暖气的简陋小屋里，每天还要进行三次净身仪式。自小就在阳光明媚的加州海边长大的杨，必须往自己身上浇好几公斤冰冷刺骨的雪水。多年后他回忆道，那是一种"可怕的折磨"。"天气特别冷，水一碰到地面就结成了冰,毛巾会在你的手上冻住。所以你会光着脚在冰上打滑,同时还要努力用一块冻住的毛巾擦干身体。"

面对身体上的疼痛,即使比杨经受的程度轻很多,大多数人的本能反应也是尽力不去注意它,尝试将注意力放到其他事物上。比如说,如果你像我一样,有点害怕皮下注射,那么你在诊所内很可能会非常努力地盯着一件平庸的艺术品,让自己不去注意即将要挨的那一针。起初,杨的第一反应也是这样:为了从内心里躲开冰水刺激皮肤的感受,他会想别的事,或者只依靠意志力,尽力不去感受这种寒冷。这并不是一个不合理的反应:如果一直关注当前的体验让你特别难受的话,那么常识似乎会给出建议,在思想上让自己脱离这个情景会减轻痛苦。

然而在冰水一遍遍的洗礼下,杨开始明白,这个方法完全错了。事实上,他越是专注于这种极度寒冷的感受,尽可能地将注意力全部集中在这方面,他反而越不会觉得疼;而一旦他的注意力涣散了,这痛楚就会变得难以承受。几天后,他开始在每次的冰水灌顶之前,都让自己尽可能地首先专注于当前的体验,以便在冰水袭来时,他能够让这种单纯的难受不再演变成痛苦。慢慢地,他开始领悟,这就是这个仪式的全部意义。按照他的话就是(虽然传统的佛教僧人必定不会这么说),这是一个"大型生物反馈机制",设计用来训练他集中精神:只要他能够保持专注,机制就奖励他(减少痛楚的感受),而一旦他做不到,就惩罚他(增加痛楚的感受）。这次静休之后，杨发现自己集中精神的能力发生了蜕变。他现在成了一位冥想老师，更广为人知的名字是杨增善，这个名字是高野山的住持赐予他的。将精力集中在当下，除了让他更能忍受冰水仪式带来的疼痛，还让一些没那么不悦的事情变得有意思起来，比如那些之前算不上痛苦但也很无聊的日常勤杂事务。他越是能将注意力高度集中于自己正在做的事情上，就越是清楚，真正的问题不在于事情本身，而在于内心对它的抵触。当他不再努力回避这种感受，而是去关注它，不适感就会消散。

杨经受"酷刑"折磨的这个过程，展示了当我们屈从于分心时，内心活动中的一个关键点：我们的动机是逃离当前经历中令人不悦的部分。身体上的不悦更为明显，比如冰水刺激皮肤，以及在医院打流感预防针——在这些情况下，不悦的感受很难被忽略，要将注意力转移到别处还真是要下一番功夫。不过，更为细微的方面同样体现了这种逃离现象，比如日常的分心。想象一下这个典型的场景：你在工作时被社交媒体吸引了注意。通常情况不是你本来坐在那里聚精会神地工作，突然间注意力就不听使唤地被带走了。其实是你在盼望着一个借口出现，哪怕再小的借口也可以，帮你逃离正在做的事情，不去感受工作给你带来的不悦。你的注意力溜到了推特的帖子或名人八卦网站上，而你也没有感到不情愿，反而觉得释怀。我们往往被告知，眼下有一场"争夺我们注意力的战争"，硅谷就是入侵者。如果事实确实如此，那我们在战场上往往也是敌方的勾结者。

玛丽·奥利弗将这种想要分心的内在冲动称为"亲密的阻碍者"——它是"自我中的自我,是声声口哨以及门板上的重击",它向你许诺更轻松的生活,你只需要将注意力从手头上有意义但有挑战性的任务上挪走,打开下一个浏览器标签页,无论什么内容都好。作家格雷格·克雷奇经历过同样的冲动体验:"我发现,让我困惑的是,大多数情况下我都感觉不到自己想做那些需要做的大部分事情。我并不只是说清洗马桶或者纳税申报这类事。我是说那些我真正想要完成的事。"

◎ 重要的事带来的不安

这一点实在离奇,值得停下来关注一番。专心做重要的事,做那些我们自认为想要在人生中完成的事,到底为什么会让人感到如此不安?为什么我们宁愿逃到消遣当中,逃离到我们并不想要用自己的人生完成的事当中?某些具体的任务也许令人不快,惹人生畏,想要避免也无可厚非。不过更常见的问题是厌倦感,通常是没有来由的厌倦感。你下定决心做一件事,这件事本来那么重要,但突然之间它变得特别乏味,你都无法多对它专注一秒。

尽管听起来可能有点夸张,但这一谜团的答案就是,我们向分心屈服，其实是不想面对有限性带来的痛苦——面对人只拥有有限时间的困境。具体到分心问题，则源于我们对时间的控制力十分有限，让人无法确定事情会如何发展（除了一件令人极为不快的事是确定的，即，有一天死亡会终结这一切）。尝试专注于某件你认为重要的事情时，你就要被迫面对自己的局限了。有这样特别令人不舒服的体验，恰恰是因为你非常重视手头的任务。你无法像设拉子的那位建筑师那样，拒绝将他理想中的建筑带到时间会流逝的、不完美的现实世界之中。你必须放弃幻想，体会自己对在意之事缺乏控制的感觉。也许你特别珍视的这个创作项目，到头来会超出你的能力范围，又或许你下定决心进行的一次艰难的婚姻对话，最后却会发展成一场激烈的争吵。即便一切都特别顺利，你也不可能预先知道结果，所以你仍得放弃这种成为自己时间主人的感觉。再次引用心理治疗师布鲁斯·蒂夫特的话就是，你得让自己冒险，去体会"现实带来的幽闭恐惧，以及囚禁、无力与束缚感"。

这就是为何厌倦感会带来如此出乎意料的不悦，令我们有种被挑衅的感觉：我们往往认为厌倦感只是源于我们对自己手头上的事情不是特别感兴趣，可事实上，这是人在直面自己有限的控制能力，从而产生极度不适的体验时的一种强烈反应。厌倦感会在各种不同的情况下袭来——当你做一个大型项目时，当你在星期天的下午百无聊赖时，当你得连续五个小时照看一个两岁大的宝宝时。不过这些情况有一个共同的特征：它们都要求你面对有限性。你必须去处理你的感受在这一刻如何展开，接受这个现实：这就是了。

难怪我们会去网上寻求分心的消遣，因为在网上你会感觉自己似乎没有任何限制——你可以即刻得知另一个大洲发生的最新事件，随心所欲地展现自己的形象，永无止境地浏览无限推送的新闻，借用评论家詹姆斯·杜斯特伯格的话就是，漂流在"一个无所谓空间而且时间无尽延展的当下领域中"。诚然，如今在网上消磨时间不再让人感觉特别有趣了。不过它并不需要让你感觉有趣。为了麻醉有限性带来的痛苦，它只需让你感觉不受约束。

这也让我们更容易理解，为何那些战胜分心的推荐策略，包括戒网瘾、规定自己何时去查看收件箱等方法，最后极少见效，或者见效的时间并不长久。它们通过限制你接触所用之物来缓释分心的冲动。面对最令人上瘾的科技手段，这倒也不失为合理的办法。不过它们并没有解决分心的根本问题。即使你停用脸书，在工作日禁用社交媒体，去深山的小木屋里住上一阵子，你也很可能仍然觉得很难专注于重要之事，于是你会想办法通过分心来缓解痛苦：白日做梦，打个不必要的盹儿，或者按照生产力极客喜欢的做法，重新设计你的待办清单，或者重新整理一番办公桌。

这里最重要的一点是，我们认为的"分心之物"并非造成分心的根本原因。它们只是我们为了治疗有限性引起的不适感所使用的工具。和配偶谈话时难以专心,不是因为你偷偷在饭桌下看手机。应该反过来说,你之所以"偷偷在饭桌下看手机",是因为你很难将精力专注在对话上——倾听需要精力、耐心,需要愿意投降的精神,也因为听到的内容可能不会让你开心,看手机自然更愉快。因此,即使你将手机放在够不着的地方,也会寻找其他方式来避免自己集中注意力,这毫不奇怪。在谈话中,它通常会表现为,你会在脑子里演练,对方的嘴巴停止发出声音之后,自己接下来要说什么。

我希望此刻自己能够揭示如何才能根除分心的冲动——如何能将注意力保持一段时间,放在自己重视的某件事情上,或者无法轻易选择不做的事情上,而不会感到不愉快。不过真相是,我认为这样的奥秘不存在。要削弱分心的力量,最有效的方法就是不去期待事情有其他的情形,也就是去接受这种不愉快只不过源于人是有限的个体,当我们专注于那种有难度又有价值的任务,就不得不面对无法完全控制自己的人生如何展开的这种感受。

然而,从某种意义上来说,接受没有解决方案的现实就是解决方案。毕竟,杨增善在山上发现,只有接受自己的真实处境,停止与事实抗争,并让自己更充分体会冰水浇在身上的感受时,痛苦才会消退。将越少的精力放在抵抗正在自己身上发生的事,他就越能将更多的注意力放在实际发生的事上。我专注的能力可能赶不上杨增善,不过我发现同样的逻辑也是适用的。要面对一个困难的项目,或者一个枯燥的星期天下午,方法不是去追逐平静或者专心致志的感觉,而是承认不适感是必然的,并将更多的注意力转向自己的现实处境,而不是抱怨它。

一些禅宗佛教徒认为,人之所以痛苦,归根结底就是因为我们如此努力,拒绝将注意力完全投入到事情的进展上,因为我们希望事情原本会是不同的样子("这种事不该发生!"),或者因为我们希望自己对事情的进展更有控制感。有一种非常现实的解脱方法,就是领悟到作为一个有限的人,你永远都不会从中得到解脱。你无法对事情的进展发号施令。但矛盾的是,一旦你接受现实的限制,获得的奖赏便是现实不再如此具有约束感了。

[第二部分]

无法控制的事

我们从未真正拥有时间

认知科学家侯世达颇具声望,其中一个原因是他提出了"侯世达定律":你计划做的任何事所花费的时间总是比预期的要长,"即使你在预期中考虑了侯世达定律"。换言之,即使你知道一个给定的项目有可能超出预计时间才能完成,也相应调整了时间计划,所需的时间还是会超出那个新制订的时间节点。从这一点来看,如果听从关于订计划的标准建议,给自己留下比预计所需多一倍的时间,可能会让实际情况变得更糟。比如说,你可能非常清楚,若是自己跑几家店买好一个星期的菜后回家,不可能只花一个小时。但如果你正因为知道自己通常会做出过于乐观的估计,而给了自己两小时,那么你可能实际得花两个半小时(这一效应在更大规模的工作上更明显:新南威尔士州政府非常清楚大型建筑项目通常会超出预计时间完成,于是给建造悉尼歌剧院的项目预留了四年时间。这看似十分充足,但该项目最终花了十四年才完成,成本是最初预算的1400%)。当然了,侯世达是半开玩笑的，而我总觉得他的定律令人颇感不安。因为如果这个定律是准确的（根据我的经验，它确实很准确），那就暗示着一些非常奇怪的现象：不知怎的，那些我们努力规划的活动总会拼命抵抗我们的努力，不服从我们的计划。我们想要成为好的规划者，但似乎这努力不仅白费，还会让事情花更久的时间才能完成。现实就好像是一个发怒的天神，它在回击。它铁了心要提醒我们，无论我们多么努力在时间计划里留有余地，向它恳求，现实都总是占据上风。

说句公道话，这类事情对我的困扰很可能比对其他人都要多，因为我可以说是出身于一个由计划强迫症患者组成的家庭。我们都喜欢尽量提早确认未来会如何发展，然后提前打理好一切。如果我们不得不与那些认为船到桥头自然直的人相处，就会感到焦虑不安。我和太太每年要是在六月末开始收到父母的问询，让我们做好圣诞节的安排，就已经很幸运了；我从小就被教育，那些不在出发或入住时间的四个月之前就订好机票和酒店的人，他们的生活方式简直不可原谅。一家人度假时，我们必定会格外早就出门，提前三小时在机场候机，提前一小时在火车站等待[《洋葱报》(*The Onion*)的一则头条标题为"爸爸建议我们提早14小时到机场"，这明显是受了我童年的启发]。所有这些都让小时候的我非常暴躁，如今也让我很烦恼，而令我最抓狂的是，我特别清楚自己也是那种人。

至少，我想我可以说，我家人的计划强迫症发生得不无道理。我奶奶是犹太人，希特勒于1933年上台时，她只有九岁，且住在柏林。而直到十五岁时，她的继父看到水晶之夜①的残骸后，终于计划带一家人迁往汉堡，并在那里登上了开往英国南安普顿的"曼哈顿号"邮轮（我曾经听说，船上的乘客还开了香槟庆祝，不过那是在他们确定船已离开德国水域之后）。而她的奶奶，也就是我的曾曾祖母，一直没能成功逃离，之后死在了特雷津②集中营。由此不难理解，为何一个在第二次世界大战前夜抵达伦敦的未成年德国犹太女孩会产生这样不可动摇的信念，还将它传递给子女——如果你没有非常妥善地计划好事情，可怕的命运就有可能降临到你或者所爱之人的头上。有时候，当你要出门旅行，为到达出发地点而提前预留充分的时间真的很重要。

不过，投入如此多精力来规划未来也有麻烦。尽管偶尔提前规划可以防止一场灾难，但在其余的时间里，它反而会加剧本来想要缓解的那种焦虑感。计划强迫症患者本质上是向未来索求某些保障，但它永远都无法提供他们所渴望的保障，因为未来明显还未到来。毕竟，无论预留了多少个钟头，你都无法完全确定不会发生耽误你到达机场的事。更确切地说，你是可以确定的，但也是在你已经到达机场、在航站楼苦等的时候。在那一刻，一切

---

① 指1938年11月9日晚至10日晨，纳粹党徒袭击德国全境犹太人的事件。——译者注
② 捷克小镇。——译者注

都进展顺利的事实也就没有什么值得宽慰的了，因为这部分已成为过去，接下来需要焦虑的是下一段未来（飞机是否会准时到达目的地让你赶上下一程火车，等等）。事实上，无论计划得有多远，你都永远无法放心，一切都会按照自己设想的那样发展。不确定的边界线只会被越推越远。一旦定下圣诞节计划，接下来就要考虑一月的事，然后是二月、三月……

我在这里只是用我神经质的家人举例，不过重要的是要看到这种将未来变成某种可靠事物的渴望并不局限于计划强迫症患者。人们只要对某件事有担忧之情，就有这种渴望，无论他们是否会制订精细的时间表或格外小心的旅行计划。究其本质而言，担心就是在脑中一次次尝试制造对未来的安全感，然后失败，然后再次尝试，一遍又一遍。仿佛只要付出了担心，就能在某种程度上规避灾难。换言之，人们之所以担心，是内心想要提前得知事情会发展顺利：你的伴侣不会离开你，你会有足够的退休金，新冠肺炎疫情不会夺走任何你心爱之人的生命，你最喜欢的候选人会赢得下次竞选，你会在星期五下午做完待办清单上的任务。不过这种奋力掌控未来的挣扎鲜明地展示了，涉及时间问题时，我们就会拒绝承认自己固有的有限性，这是担心者明显赢不了的一场战斗。你永远都无法真正对未来感到确定。因此，尽管你一次次伸手去抓，却永远都抓不着这种未来的确定感。

◎ 任何事都可能发生

到目前为止，本书的大部分内容都是在强调，重要的是去面对，而不是回避我们拥有的时间如此之少这一令人不安的现实。不过我们也应该清楚，将时间看作我们"拥有"之物这一想法首先就值得怀疑。如作家大卫·坎恩指出的那样，我们从未像钱包里有钱或脚上有鞋那般拥有时间。当我们说自己有时间时，真正的意思是我们觉得应该会有时间。"我们想着自己有三个钟头或三天时间做某件事，"坎恩写道，"不过这时间从未真正被我们占有过。"任何因素都可能让你的设想泡汤，夺走你原本以为自己"拥有的"用来完成一项重要工作的三个钟头：你的老板有可能中途交代一项紧急任务，打乱你原本的计划；地铁有可能发生故障；你也有可能死去。即使你最后真的完整获得了这三个钟头，就像预期的那样，你也无法在过程中就确定这一点，直到这些钟头已成为历史。只有当未来已变成过去，你才会对它有确定感。

同样，虽然我之前一直那么说，但其实从未有人真正拥有四千个星期的寿命——不仅是因为你也许最终活不了那么久，还因为在现实中，你甚至从未拥有哪怕一个星期。也就是说，你不能保证下星期一定会到来，也不能保证自己能如愿使用它。相反，你只是发现在每一个时刻到来之际，自己便已身在其中，已被抛入这一时间与地点，随之而来的还有所有的限制。你无法确定接下来会发生何事。这样一想,海德格尔关于我们是时间的想法就更有道理了——除了将人的存在视为一系列瞬间的组合,没有其他的理解方式。这种观点还会产生真正的心理效应。我们几乎所有关于未来的思考、计划、目标设定以及担心,其默认前提就是假设时间是我们能够占有或者控制的东西。这让我们一直焦虑不安,因为我们的期待永远会撞上顽固的现实,时间不是我们的所有物,也无法被我们掌控。

需要澄清的是,我并不是说制订计划不好,或者说为退休存钱不好。我们为影响未来所做的努力并非问题所在。问题是——所有焦虑的根源——我们在当下的一刻就感觉需要知道这些努力最后会有结果。当然了,希望伴侣永远不会离开自己,这没问题,你可以用各种办法与对方好好相处,提高这种圆满结局的可能性。不过要是你坚持自己必须能在此刻确定,这段感情未来一定会如此发展,那你必定会感到人生有无尽的压力。因此,对于焦虑,一个让人出乎意料的有效解决方式就是,你只需要认识到你在要求未来给予保障,但未来绝对不会满足你——无论你做多少计划、有多么烦恼、为到达机场预留了多少时间。无论怎么做,你都无法预知事情是否会进展顺利。对确定性的争取,在本质上就是无望的——这意味着你可以不再对它如此投入。未来不是那种可以随你支配的东西,如法国数学家兼哲学家布莱士·帕斯卡所言:"我们如此轻率,游荡在并不属于自己的时间里……我们试图让未来

（给予现在支持），还想着安排不在能力范围内的事情，计划着并不确定能够到达的时间。"

如果采用过去的视角，那么我们关于未来不可控而产生的焦虑就显得相当荒谬，似乎也就更容易放手了。我们整日焦虑不安，因为无法控制未来的样子。不过大多数人可能会承认，我们并没有对未来施加多少控制，最终也还是到达了人生现在的位置。无论你人生中最珍视什么，它总是可以追溯到某些你原本不可能计划的偶然发生的事情上，而现在去回想这些事，你肯定也改变不了它们。你也许本来不会被邀请参加那个让你遇见未来伴侣的聚会。你的父母也许原本不会搬到学校附近的小区，能让校园里那位善于启蒙的老师察觉你尚未开发的天赋，然后将其发扬光大。如此情况不一而足。而你若是回溯到更早的时光，回溯到自己尚未出生的时候，看到自己的人生就是一个个偶然事件的叠加，会觉得更加不可思议。西蒙娜·德·波伏娃在她的自传《说到底》（*All Said and Done*）中惊叹道，有那么多自己完全无法控制而又必然发生的事情，将她塑造成了自己：

午饭过后我会在工作间里睡一会儿，醒来时偶尔会产生孩子般的惊叹感——为什么我是我？就像一个孩子在觉察到自己的本体时一般惊讶，我吃惊的是这一事实，即，我发现自己就在此地，在此刻，深深地处于这个人生之中，而非任何其他境地。是怎样偶然的机会造就了这一切……那颗卵子被那颗精子穿透，它暗示着我父母的相遇，以及在此之前他们的出生，以及他们所有的先祖的出生，这么想来，这一切发生的概率真是连一亿分之一也没有。也正是由于因缘，一个以目前的科学水平完全无法预测的因缘，使我生为一个女人。在我看来，自从出生的那一刻起，我过去的每一个动作都原本可能产生一千个不同的未来：我原本可能因生病而中断学业，我原本可能不会遇上萨特，原本可能发生任何事情。

波伏娃的话里有一层含意令人宽慰：尽管已经发生的事情当中，我们无法控制任何一件，但每个人还是成功抵达了自己人生当下的这一刻——因此至少可以抱有一些希望，当不可控制的未来到来时，我们也能平安度过。你甚至不必试图控制，因为人生中如此多令人珍视的事情之所以发生，还是多亏了你从未选择的其他的路。

◎ 管好自己的事

这些真理告诉我们，过去不可控、未来不可知，这也解释了为何如此多的人最终都给出了同样的建议：我们应该将注意力集中在真正属于自己的那部分时间上，也就是此时此刻。"夫代司杀者杀，是谓代大匠斫。"①《道德经》如此提醒。

不过这些思想之中，我最有共鸣的版本来自吉杜·克里希那穆提。20世纪70年代末，他在加利福尼亚发表了一篇演讲，以极具特色的直率风格表达了这一思想。当时在场的作家吉姆·德雷弗回忆道："那次演讲讲到中途的时候，克里希那穆提突然停下来，身体前倾，有些狡黠地说：'你们想知道我的秘密是什么吗？'我们所有听众就像是同一个人似的，同时端坐起来……我能看到周围所有人的身子都在往前倾，耳朵竖起，嘴巴慢慢张开，一副屏息期待的样子。然后克里希那穆提用一种柔和、近乎羞怯的声音说道：'你们看，我不介意会发生什么。'"

我不介意会发生什么。也许这几个字需要解释一下：我不认为克里希那穆提的意思是当坏事发生在自己或他人身上时，我们不应该感到悲伤、同情或生气，也不应该努力避免未来发生坏事。他的意思是，过"不介意会发生什么"的人生，是指内心并不总想要未来符合你的要求——这样你就不必总是紧张不安，总想着看事情是否按自己的期望发展了。并不是说我们不能在当下采取明智的行动，来防止事态往不良方向发展。此外，当坏事还是不免发生，我们依然可以尽自己所能地应对。我们不是必须接受痛苦或者不公就是事物规律的一部分。但如果我们不要求事情必须按

---

① 此处可理解为：试图控制未来（把持不了非妄之念），就像是去代替木匠大师的位置，只会徒劳无功。——译者注

我们从未真正拥有时间

照自己想要的方向发展，就会在焦虑实际存在的唯一时刻，也就是当下此刻，从这种感受中解放出来。

另外，我也不认为克里希那穆提是在建议我们效仿那些惹人讨厌的人，他们对自己一直以来即兴发挥的行为过于自豪（我们都认识一两个这样的人）。他们坚持不制订计划，随性地穿行于人生。你永远无法确定，与他们约好6点一起喝一杯，是否意味着他们真的打算出现。这些洒脱得有些招摇的人似乎觉得制订计划或者试图奉行计划是一种拘束。但制订计划是一种必要工具，用来构建有意义的人生，以及对他人履行责任。真正的问题不是制订计划，而是我们搞错了计划的意义。用美国冥想老师约瑟夫·戈尔兹坦的话来说，我们忘记了，或者说我们无法面对"计划只是一种想法而已"。我们对待自己的计划如同对待套索，把它从现在抛向未来，试图让未来听从命令。但是，从本质上来看，一个计划充其量只表现了你在此时此刻的意愿。它表达的是你在当下想要如何对未来施加小小的影响力，而未来当然没有义务遵从你的想法。

你在这里

将时间视为我们的所有物，试图控制它，似乎会让生活变得更糟。我们不可避免地执迷于"充分利用时间"，由此会发现一个不幸的真相：你越是专注于充分利用时间，日子就会变得越像是你必须熬过去的事物，以通往更加宁静、美好、充实的未来时刻，而那个时刻实际上永远都不会到来。这是一个关于工具化的问题。"使用时间"就是将它作为工具，视它为达到目的的手段，而我们每天都在这么做：你烧水并不是因为喜欢烧水，你把袜子扔进洗衣机也并不是因为喜欢操作洗衣机，只是因为你想喝咖啡，想穿上干净的袜子。结果却很危险，因为你很容易过度地投入这种工具性的时间关系中，你眼里只有向往的地方，却不去看现在身在何处。结果你会发现，自己在精神上活在未来，将人生"真正"的价值定在某个你尚未到达也永远不会到达的时间之上。

心理学家史蒂夫·泰勒在《回归理智》(*Back to Sanity*) 一书中回忆道，他观察伦敦大英博物馆里的那些游客，他们并不是真的在观赏面前的古埃及文物罗塞塔石碑,只是在用手机对着石碑拍照录像,以备过后观看。他们如此专注地将时间用于获取未来的收益,为了以后能回顾或分享这次经历,却几乎没有体验展览本身。(又有多少人之后会把这些录像翻出来看呢?)当然了,抱怨年轻人用手机的习惯是我和泰勒这种坏脾气的中年人最喜欢的休闲活动。不过他更深层的意思是,我们所有人都经常犯类似的错误。我们做的所有事(换言之,就是生活本身),只有为另外的事情奠定了基础,才会被视为有价值。

这种专注于未来的态度往往表现为一种形式,也就是我曾经听别人描述的"'等我终于……'的心态",例如,"等我终于掌控自己的工作量/看到我支持的候选人当选/找到合适的伴侣/解决了我的心理问题,然后我就能够松一口气,我一直想要的人生也就可以开始了。"陷于这种心态的人认为,无法感到满足和快乐是因为自己还没能完成某些具体的事。人们想象着自己完成这些事以后,就能感到自己掌控了人生,成为时间的主人。而事实上,这种试图获取安全感的方式意味着他们永远不会感到满足,因为当下仅仅被视为通往某个更完美的未来的途径。当下这个时刻本身则永远不会令人满足。即使自己确实规划好了工作,或者遇见了自己的灵魂伴侣,也只会再找别的理由继续推迟满足感。

当然了,我们也要看事情发生的背景。在许多情况下,人们极为关注未来变得更加美好的可能性,是可以理解的。没人会责怪收入低微的公厕清洁工盼望结束一天的工作，或者盼望未来有一份更好的工作。这样他自然会将工作时间主要视为赚取工资的手段。但奇怪的是，那位雄心勃勃且收入颇丰的建筑师从事的是一直梦寐以求的职业，但仍然只有在即将完成一个项目的时候才会感觉自己经历的每一刻都是值得的，因为这样就能继续进行下一个项目，或者升职，或者退休。这样的生活可谓十分疯狂，但这种疯狂从小便被灌输到了我们的头脑中。哲学家阿伦·沃茨曾对此做过一番有个性的生动解释：

就说教育吧。这真是个骗局。小时候，你被送进托儿所。到了托儿所，他们说你下一步可以为上幼儿园做准备了。然后一年级来了，然后是二年级、三年级……到了高中，他们告诉你，你要为上大学做准备了。而到了大学，你要为走出校园进入社会做准备……（人们）就像毛驴，不停追逐着在自己面前晃悠的胡萝卜，而那胡萝卜其实是被一根绑在自己脖子上的棍子吊在眼前。人们从未在这里。人们从未抵达那里。人们从未活过。

⚙ 因果灾难

直到身为人父，我才领悟到，我之前的成年生活都完全沉浸在这种追逐未来的心态里。其实我也不是突然想到的。实际上，儿子刚出生的时候，我变得比平时更执迷于充分利用时间了。也许每个初为父母的人从医院回到家中，开始面对自己在育儿方面笨手笨脚的现实时，都希望尽可能妥善地利用时间——首先要保证那褶褓中扭动的小生命活着，然后尽自己所能，为更美好的未来打下基础。而当时我还是一个生产力极客，一口气买了好几本针对新生儿父母的指南书，这也让我的问题更严重了。我一心想将最初几个月的关键时间利用到极致。

我很快发现这类出版物分成了两大阵营，而且彼此争锋相对。其中一个阵营的人在我看来应该都是婴儿训练营大师，他们敦促我们尽快让孩子熟悉严格的时间表——没有这样的系统计划，幼儿就会没有安全感；而且如果让宝宝的作息时间更容易被预测，他就能够融入一家人的节奏中，这可以让每个人都能得到一些睡眠时间，并让夫妇二人能迅速回归工作。对立的一派则是鼓吹自然育儿的阵营。对他们而言，所有这类时间表（老实说，还有"做母亲的需要回归工作"这一观念）都进一步证明了现代性已破坏了为人父母的纯粹，要恢复这种纯粹，只能效仿不发达国家的原始部落及史前人类的朴实做法。对这一阵营的育儿专家来说，这两类人群并没有什么区别。

后来我了解到，实际上没有可靠的科学证据显示哪一个阵营更好（例如曾有"证据"显示，不能让宝宝哭着入睡，但支撑这些证据的大多数研究的主要对象都是罗马尼亚孤儿院里的遗弃婴儿，这显然不同于你在一天里有20分钟把孩子独自留在舒适的北欧摇篮里的情况。与此同时，西非的少数民族豪萨－富拉尼族认为在有些情况下，母亲与孩子发生眼神交流是禁忌。这种观念违背了所有的西方育儿哲学，但这个族群的孩子似乎大多数都能顺利成长）。但让我印象最深刻的是，两边阵营的专家都如此全然地专注于未来——几乎所有我看过的育儿指南，无论是书本上的还是网上的，似乎都在不遗余力地打造未来最快乐、最成功、最能赚钱的大孩子以及成年人。

这一点在"婴儿训练营"这一派表现得尤为明显，他们的热情就在于给婴儿灌输可能让其受益一生的良好习惯。但自然育儿派其实也是一样。如果说自然育儿派的家长坚持"婴儿背带"、同床睡觉、母乳喂养直到三岁，只是因为这么做可以让父母和孩子过得更好，倒可以另当别论。不过他们真正的动机其实是，这么做可以最有效地确保孩子未来心理健康（同样没有确凿证据）。这种观念给了我猛烈一击。我突然意识到，我之所以一直寻求这类建议，其实是因为这也是我对人生的态度：过去我一直都在追求未来的结果——考试成绩、工作、更好的锻炼习惯。这份清单一直在加长，服务于想象中的人生终于顺利起来的某个未来时间。现在我的日常责任还包括照顾一个宝宝，为了适应这个新的现实，我当然扩展了自己的工具化手段：我希望自己正在做的所有事情，未来也能在育儿方面获得最佳的结果。

但现在我觉得以这种方式与新生儿共度时光有些违反常理。更别提生活已经够累了，还要考虑这么一件令人疲倦的事情，真是多此一举。当然了，留意未来之事是有必要——需要带孩子注射疫苗，也需要帮他申请预科学校。但我的儿子现在就在这里，他零岁的时间只有一年。我开始意识到，我并不想仅仅因为自己将目光局限在如何最好地利用这一年，为了孩子的未来，就浪费他实际存在的这段时日。他就在这里，无条件地参与发现自己的这个时刻里，而我想要加入，与他一起。我想看着他的小拳头握住我的手指，想看他摇摇晃晃的小脑袋听到声音就扭头，而不是纠结于这是否意味着他到达了自己的"成长里程碑"，也不在意我应该做什么才能确保他到达。更糟糕的是，我逐渐明白，对充分利用时间的痴迷，意味着我在利用自己的儿子，把另一个活生生的人当作平息自己焦虑的工具——我只是在将他当作一个手段，以实现假想中未来的安全感与平静的心境。

作家亚当·戈普尼德将我掉入的这个陷阱称为"因果灾难"，他将之定义为"证明某种育儿方式的对错就是看它会产生哪种成年人"。这个想法听起来够合理，否则你怎么判断对错？直到你发现它会让童年丧失所有的内在价值，因为童年仅被视为成年的训练场。正如"婴儿训练营"的专家坚持认为的那样，也许让你一岁大的宝宝习惯于在你的胸脯上入睡真的是一个"坏习惯"。不过它在当前一刻也是一种愉悦的体验,这一点在权衡利弊时也需要考虑。对于未来的担忧不能总是自动占据主导地位。同样,是否可以让你九岁大的孩子每天玩几个小时的暴力主题电子游戏这个问题,并不仅仅关系着他长大以后是否会变成一个暴力的成年人,同时关系着这是否称得上一种让他度过当前人生的良好方式。也许沉浸在血腥与杀戮的数字世界的童年,本身就是一种更低质量的童年,即使这不会给未来带来任何影响。汤姆·史塔佩在他的剧作《乌托邦海岸》(*The Coast of Utopia*)中,将这种情感以更加剧烈的方式,借19世纪俄国哲学家亚历山大·赫尔岑的口表述了出来。赫尔岑努力地接受他的儿子遭遇海难去世的事实——他坚称,儿子的人生价值并不因为没有长到成年而有所贬损。"因为孩子会长大,所以我们就认为一个孩子的意义就是长大,"赫尔岑说,"但孩子的意义是当一个孩子。大自然对于哪怕只有一天的生命都不会鄙夷。它会将自身的全部都倾注每一个时刻之中……人生的丰富就在于它的流动。过后就太迟了。"

最后一次

不过,我现在希望明确一点:以上这些都不仅仅适用于那些家里刚好有宝宝的人群。当然了,不可否认,快速成长的新生儿会让人尤其难以忽视这一事实,即人生由一连串转瞬即逝的经历组成,这些经历本身就有价值,如果你完全专注于这些经历可能导向的终点,那你就会错失这些经历本身。作家兼播客主持人萨姆·哈里斯曾提出一个令人不安的观点,他认为同样的道理也适用于其他一切事情:由于人生有限,我们的生活中可能充斥着最后一次做的事,这其实难以避免。就比如,我会有最后一次去接儿子的情况(想到这里我大吃一惊,不过这个事实不可否认,因为我肯定不会在儿子三十岁的时候还去接他),同样,你也会有最后一次回到自己童年时的家,最后一次在海里游泳,最后一次行床笫之欢,最后一次与某位密友深入交流的体验。但我们通常没有办法在事情发生的那一刻就知道这是最后一次。哈里斯想说的是,正因如此,我们应该尽量郑重地对待每一次经历,就像它是最后一次。的确,在某种意义上,人生的每一个时刻都是"最后一次"。它来了,过后你便再也得不到它了——而一旦它走了,你剩余的时刻就会比之前少。将这些时刻仅仅当作通往未来某个时刻的垫脚石,表明了你对自己的真实处境的某种程度的忽视。要不是我们所有人其实一直都在这么做,这样的忽视真的会让人惊掉下巴。

诚然,这是一种反常的、工具化的、只关注未来的生活方式,但以这种方式对待有限的时间也并不全是我们自己的错。强大的外部压力也将我们推往这个方向,因为我们身处于一个以工具主义为核心的经济体系当中。事实上，理解资本主义的一个方式是将它看作一台巨型机器，这台机器为了获取未来的收益，会将它碰到的一切都变为工具——地球上的资源、你的时间以及能力（或者说"人力资源"）。用这种方式看待事情，就能够解释一个平时看来十分神秘的真相：资本主义经济体系中的富人往往都出乎意料地痛苦。他们都非常善于将自己的时间工具化，来为自己创造财富，这就是资本主义世界中成功人士的定义。他们如此努力地将自己的时间化为工具，但结果却是，他们此时此刻的人生只能被当作通往未来幸福的交通工具，其他什么也不是。于是他们的生活失去了意义，即便银行账户的余额还在增加。

人们常说，经济欠发达国家的人们更会享受人生，其真义就在于此——换言之，他们没那么执着于将自己的人生当作为将来谋利的工具，因此更能享受当下的快乐。例如，在全球幸福指数方面，墨西哥就经常超越美国，于是就有了这么一则流传已久的寓言故事：一个正在度假的纽约商人与一个墨西哥渔夫闲聊，渔夫说他一天只工作几小时，大多数时间都在一边晒太阳一边喝酒，和朋友一起玩音乐。商人对于渔夫的时间管理方法感到诧异，提出了一条建议。他解释道，如果渔夫工作更卖力，他就能用利润投资更大规模的船队，雇用别人打鱼，挣得数百万美元，然后提早退休。"那之后我要做什么呢？"渔夫问道。"哦，之后嘛，"商人回答，"你就可以一边晒太阳一边喝酒，还可以和朋友一起玩音乐。"

资本主义施加压力,让你把时间视为工具,从而让人生失去意义,关于这个问题,一个生动的例子就是众所周知的公司律师。法律学者凯瑟琳·卡文妮认为,许多公司律师的薪水颇丰,但他们并不快乐,是由于"按小时计费"的传统让他们必须将时间(实际上是将他们自己)视作一种以60分钟为单位卖给客户的商品。一个钟头没有被销售出去,自然就等于浪费了一个钟头。因此,当一名表面风光、积极进取的律师没能参加家庭晚餐或孩子的学校演出时,并不一定是因为他"太忙",即字面意义上的有太多事情需要处理,也可能是因为他根本无法想象一项无法被商品化的活动也值得参与。正如卡文妮写道:"信奉可计费小时观念的律师在理解时间的意义时,很难不将其商品化,因此也就领悟不到参与这类活动的真正价值。"当一项活动无法被添加进可计费小时的流水账,它就变得像一种无法承担的奢侈品。在我们大多数人的脑子里——甚至包括那些不是律师的人的脑子里——这种观念可能比我们愿意承认的还要强烈。

然而我们会愚弄自己,将一切都归咎于资本主义:是它让我们经常觉得现代生活像是一场艰苦跋涉,需要一路"煎熬",才能到达未来某个更好的时光。其实我们与这种局面是共谋关系。我们选择了以如此弄巧成拙的方式将时间视为工具,而之所以这么做,是因为它能帮我们保有这种全然掌控自己人生的感觉。只要你相信人生的真谛就在未来某处，相信有一天你会迎来一个幸福的黄金时代，所有努力都会获得回报，没有任何烦恼，你就可以避免面对这样一个令人不快的现实，即你的人生其实并没有通向某个尚未来到的关键时刻。我们执着于从自己的时间里榨取最大的未来价值，这种执着蒙蔽了我们的双眼，让我们看不到现实，那就是，关键时刻其实永远都是当下——人生就是由一连串的当下组成，最后以死亡告终，而你很可能永远都到达不了那种感觉，将一切都安排得完美有序的状态。因此，最好不要再将你存在的"真实意义"拖延到未来，现在就将自己投入生活吧。

约翰·梅纳德·凯恩斯看到了这一切背后的真相，那就是我们痴迷于他所称的"目的性"，痴迷于善用时间以服务于未来的目的（如果他今天还在写作的话，可能会说这是痴迷于"个人生产力"），根本上是受不想死的欲望驱使。"'目的性'的人，"凯恩斯写道，"总是将他对于自己行动的兴趣着眼于未来，试图从行动中获得一种欺骗和迷惑的永生。他喜欢的并不是猫，而是猫生的小猫崽。事实上他喜欢的也不是小猫崽，而只是小猫崽生的小猫崽，如此永续，直至猫族终结。于他而言，果酱不是果酱，除非它是明天的果酱，且永远都不是今天的果酱。于是，通过始终想着他的果酱存在于未来，他努力地从自己煮果酱的行动中获得一种永生。"由于他从不需要"兑现"他在此时此地行动的意义，所以目的性的人会将自己想象成一个全能的"神"，想象他对现实的影响可以无限延展到未来，感到自己仿佛是时间的主人。不过代价是巨大的。他永远无法在当下喜欢上一只真正的猫，也无法享受真正的果酱的美味。他过于努力地充分利用时间，最后反而错失了人生。

❂ 不在当下

不过，尝试"活在当下"，寻找此刻人生的意义，本身也会带来一些难题。你试过吗？虽然当代的正念老师都坚称这是通往幸福的捷径，虽然越来越多的心理学研究开始关注"细细品味"的好处，努力体会人生中的小确幸，但令人困惑的是，做到这样十分困难。罗伯特·波西格在他的嬉皮士经典著作《禅与摩托车维修艺术》中，描述了他与幼子一起来到俄勒冈州辽阔的火山口湖边的情景。火山口湖由一座史前火山喷发后塌陷而形成，是美国最深的湖泊，湖水湛蓝耀目。他本来一心想要从这次经历中获得最深的体会，不知怎的却失败了："（我们）看到火山口湖时的感觉是'哦，不过如此'，和照片上差不多。我观察了其他游客，他们也都一副迷茫的表情。对此我并不生气，只是感觉这一切都不真实，湖水的美好只因它承载了过多期望而被掩盖。"你越是试图活在当下，专注于此刻发生的事，试图真正理解它，你就好像越不在此情此景之中——又或者,你的确身在其中,不过这经历已经变得索然无味。

我理解波西格当时的感受。几年前,我曾在图克托亚图克短暂停留,那是加拿大西北部最靠北的一座小镇。当时那里只能通过航空或者海路进出,或者就是在冬天走我选的那条陆路,驾驶越野车在冻住的河面上奔驰,沿途经过河里被冰封住的船只,然后驾车走在冰封的北冰洋面。作为记者,我此行的任务是调查加拿大和俄罗斯在北极以南地区的石油资源之争,不过我自然也想要亲眼看到那久负盛名的北极光。连续几个晚上,我都逼自己待在户外零下三十摄氏度的天寒地冻中(在这个温度下,你吸气时鼻子里的水汽会立马结成冰),结果只看到厚厚云层遮盖的一片黑暗。直到最后一夜,刚过凌晨2点,酒店隔壁房间的夫妇兴奋地敲我的门,告诉我这一刻来了:北极光出现了。当时我浑身上下只穿了保暖内衣,连忙套上几件衣服就走出房间,来到那一片神圣天空下。天上布满了一幅幅流动的绿光幕帘,从一道地平线绵延到另一道地平线。我原本决定尽情品味这景象,等到第二天早上,它必定会成为当地人口中壮丽的奇景。然而我越是努力,似乎就越是做不到尽情品味。当我决定回到温暖的小屋时,已经完全不在那种沉浸在当下的状态了。那时我脑子里突然闪现出一个关于北极光的想法,至今回忆起来都感觉不自在。我发现自己在想:哦,它们看起来好像那些屏保啊。

本章中，我一直在批判那种工具主义的、专注于未来的心态。问题是，努力活在当下的做法，虽然看起来好像与前者相对立，但实际上不过是与之略有不同的另一个版本而已。你如此执迷于最充分地利用自己的时间——不是为了在未来得到某个结果，而是为了在当下获得丰富的人生体验——这种执迷却掩盖了人生体验本身。这就像过于努力地入睡，最后却睡不着一样。又比如说，你下定决心在洗碗时精神完全沉浸其中，结果却发现根本做不到，因为你会下意识地琢磨自己是否已经足够沉浸其中。"活在当下"这个表达，会让人联想到一些人对身边发生的所有事都表现出一副置若罔闻的惬意样子。而事实上，试图活在当下并不让人感到惬意，反而让人紧张——努力获得最强烈的当下体验，必然得到相反的效果。关于这个效应，我最喜欢的例子是匹兹堡卡内基-梅隆大学的研究人员在2015年做的一项研究。参与这项研究的夫妇被要求在连续两个月内，将夫妻生活的频率提高到平时的两倍。研究结果是，两个月后，这些夫妇并没有变得比研究刚开始时更快乐。这项结论被广泛报道，用来证明频繁的夫妻生活并没有想象中那么令人愉快。不过我想说，这项研究结果实际表明了，过于努力地提升夫妻生活的强度并不能令人幸福。

要更有效地做到更充分地活在当下，就要首先注意到，无论是否愿意，实际上你始终都活在每一个当下。毕竟当你下意识地思考自己是否足够专注于洗碗，或者自己是否享受参与心理研究以来那些比往日更多的夫妻生活时，这些想法也是在当下一刻出现的。既然你已经无法逃避地处在当下一刻，那么再试图去达到这个状态当然就十分可疑了。试图活在当下，即是在暗示你与"当下一刻"其实是分开的。因此，对于活在当下而言，你要么成功要么失败。所以，尽管活在当下能引起那么多令人轻松愉快的联想，但这种想法仍然是另一种形式的工具主义，纯粹将当前一刻当作达到目的的手段，以便让自己感觉可以控制这逐渐展开的时间。这同样也没用。当你过于努力让自己"更加投入当下一刻"时，你所体验到的这种自我意识，就好像在试图用你的鞋带将自己提起，会让你产生精神上的不适感。因为你在修改自己与当前这个时刻的关系，可事实上这个时刻原本就是你的全部。

正如作者杰伊·詹妮弗·马修斯在她书名取得非常好的小书《关于做你自己的精华指南》(*Radically Condensed Instructions for Being Just as You Are*)中所写："我们无法从人生中拿出任何东西。没有一处外在之地可以让我们存放它。在人生之外，没有一个小口袋（能够让我们）将生活给我们的粮食偷走后藏在那里。此刻的人生没有外在。"更全然地活在当下，也许就是最终意识到，你之前从未有过任何其他选择，你只是存在于此时此地。

重新探索休息的意义

几年前,在一个炎热的夏季周末,我参加了一场活动,组织方充满激情,名字叫作"拿回你的时间"。成员们在西雅图的一间不通风的大学讲堂里集会,以进一步履行"消除过度工作这种病"的长远使命。我参加的那次集会是他们的年度大会,与会者寥寥——主办方承认,部分原因是当时正值八月,许多人都在度假。这个美国组织当然不能为此抱怨,毕竟他们支持休息的呼声最高。而另一个原因是,在那段时间里,"拿回你的时间"正在以一种极具颠覆性的方式宣扬他们的理念。该组织要求增加休息日、缩短工作时长。这本来没有什么不寻常,这类提议现在越来越普遍了。不过他们的理由几乎总是:休息好了的人工作起来会更有成效——该组织质疑的正是这个理由。其成员想知道,为什么在海边度假,与朋友一起吃饭,或者早上睡个懒觉,需要用提升工作效率来辩解?"你总是听到人们说,更多的休息时间可能对经济发展有好处。"约翰·德·葛拉夫愤愤地说。七十多岁的他是个精力充沛的制片人,也是"拿回你的时间"背后的驱动力量。"但我们为何需要从经济的角度来证明生活的合理性呢?这毫无道理!"后来我了解到,该组织还有一个被称为"休假项目"的对手。与"拿回你的时间"不同,对方得到了企业的慷慨赞助,与会者的数量也更多——它的使命是推广休闲在"个人、企业、社会和经济层面的好处"。它还得到了美国旅游协会的支持,而旅游协会想要人们更常度假也有他们自己的原因。

◎ 休闲的没落

德·葛拉夫指出,当我们仅仅将时间视作需要尽可能多地利用的资源,就会产生一个更隐蔽的问题:我们会开始感受到压力,连休闲时间也要有效地利用。也许你原本认为享受休闲只是为了休闲本身,这就是休闲的全部意义,而现在不知怎的,这似乎还不够。如果你不把自己的休息时间当作对未来的投资,好像就在以某种方式败坏自己的人生。有时候这种压力会呈现为明确的观点:你应该将自己的休闲时间视作机会,以成为更杰出的工作者(《纽约时报》上有一篇极受欢迎的文章,标题就是《放轻松!你会变得更有效率》)。而这态度也在以一种更隐蔽的方式影响着你的朋友,她似乎总是在为10公里赛跑而训练,但却无法随意地跑个步：她说服自己，只有当未来可能取得成就时，跑步才是有意义的事。这种心态也影响了我，在参加冥想课程和静修的那几年里，我几乎没有意识到自己的目标是也许有一天我能达到永远平静的境界。即使是像花一年时间背包环游世界这样看起来美好的事，也可能陷入同样的困境，只要你的目的并不是探索世界，而是增加经历，想着以后会觉得自己充分利用了人生（这里的区别很微妙）。

仅从对其他工作有用这一角度来证明休闲的合理性，后果难免令人遗憾，它会让休闲变得有点像是一种苦差事——换句话说，休闲会变得像工作。早在1962年，评论家沃特·科尔在他的《休闲的没落》（*The Decline of Pleasure*）一书中就称这种想法为陷阱。科尔写道："我们所有人都在被逼着为了获取利润而阅读，为了获取人脉而聚会……为了慈善事业而赌博，为了城市的繁荣而在晚上出门，为了重建房子而待在家过周末。"现代资本主义的辩护者则喜欢指出，不管我们感觉如何，我们实际上比几十年前有了更多休闲时间——平均每位男性每天多出了五小时，女性相对稍少一点。而或许我们体会不到这样的生活的原因在于，休闲本身不那么休闲了。它反而常常让人感觉像是又一项待办清单上的任务。而且就像我们面对的许多时间问题一样，研究显示，休闲的问题在富裕人群身上更严重。富人往往忙于工作，不过他们对于如何使用闲暇时间也有更多选择：他们可以像所有人一样读小说或散步，但他们也可以听歌剧，去高雪维尔[①]滑雪。因此他们更容易感觉自己本该参加那么多休闲活动，但实际却做不到。

我们可能无法领会，对工业革命之前的人来说，这种看待休闲的想法有多么陌生。对古代哲学家而言，休闲并非达成某个其他目的的手段。相反，所有其他值得做的事的目的都是休闲。亚里士多德称，真正的休闲（他在这里指的是自省与哲学思考）是最崇高的美德之一，因为它本身就有价值。而其他的美德，比如说在战争中表现英勇，或者在政府工作中举止高尚，只是因为它们指向了其他结果才显得美好。"商业"一词的拉丁语为negotium，字面意思是"非空闲的"，它反映的观点是工作偏离了人的最高使命。从这个角度理解，工作对某些人而言也许就成了必需品，尤其是奴隶辛苦劳作，雅典与古罗马的市民才能得到休闲。但这种工作从根本上来说是没有尊严的，当然也不是活着的主要意义。

历史上，这样的观念历经了几个世纪的动乱而丝毫未变——休闲是生活的重心，工作是对这种默认状态的不可避免的偶尔打搅。即使是中世纪的英国农民，他们艰辛的生活中也充满了休闲：他们的日历中尽是宗教节假日与圣徒纪念日，在一些重大的场合，比如婚礼与葬礼，村子里还会一连几天举办"麦酒节"以示纪念（在一些不那么重大的场合也会有麦酒节，比如一年一度的

[①] 法国阿尔卑斯山的滑雪胜地。——译者注

产羔期,即母羊生产的季节——人们为了一醉方休真是能找出任何理由)。一些历史学家称,16世纪时居住在乡下的人,平均每年只工作150天左右。尽管这数据颇具争议,但没有人会怀疑,休闲在几乎每个人的生活中都居于近乎核心的地位。别的不说,虽然所有的休闲娱乐活动都很有趣,但人们并不能真的随意选择。人们面对着不能一直工作的巨大社会压力:你去度宗教节假日,是因为教堂对此有要求。而在一个遍地熟人的村子里,逃避其他的节庆也非易事。还有一个结果是,休闲的感觉也渗进了那些实实在在的工作日。在16世纪70年代,达勒姆郡的詹姆斯·皮尔金顿曾抱怨道:"劳作的人会在早上休息良久。在开始工作之前,他已花掉了一天当中的不少时间。然后他必须在习惯的时间吃个早餐,尽管他还没挣得这份早餐钱,不然准会发牢骚……中午他必须睡觉,下午还要喝上几杯。这些事情会用掉一天当中的很大一部分时间。"

然而,随着时钟时间概念的传播,工业化进一步发展,上述观念荡然无存。工厂与作坊要求几百人协作劳动,他们按小时计酬,结果休闲与工作被明显区分开来。对工人而言,这背后意味着一条约定:在工作时间以外,你可以做任何想做的事,只要它不影响(最好能有助于)你的工作(因此,上层阶级对下层阶级喝酒的爱好表示厌恶,背后有着赚取利润的动机:你在休闲时间喝醉了,然后醉醺醺地来上班,就违反了这个约定)。往小了说,这个新局面让工人比以往更加自由了，因为他们的休闲时间确实成了自己的。但与此同时，一种新的等级制度建立了起来。在新形势下，工作被看作存在的真正意义，休闲只是用来恢复和补给精力，以便做更多的工作。问题在于，对于一般的作坊或者工厂里的工人而言，工业化的生产并不能满足其存在的意义：工作是为了赚钱，并不是为了它本身带来的满足感。于是现在工作时间便与休闲时间没有两样，人们的整个人生价值都取决于未来的某个东西，而不是其本身。

讽刺的是，那些劳工改革者呼吁人们需要更多的休息时间，并最终获得了八小时工作制和双休日，实际上却助长了这种对待休闲的工具化态度，这种认为只有非纯粹享乐情况下的休闲才合理的态度。他们声称，工人愿意用一切可获取的业余时间来接受教育以及提升文化素养，从而提升自己——换言之，业余时间不仅是用来放松的。然而令人心碎的是，19世纪马萨诸塞州的纺织工告诉调研人员，他们实际希望有更多自由的时间用来"环顾四周，了解正在发生什么"。他们渴望真正的休闲，而不是换一种形式的生产力。他们想要的是特立独行的马克思主义者保尔·拉法格后来所说的"懒惰的权利"（The Right To Be Lazy），这也是他最有名的一本小书的标题。

从这段历史到今天，我们已继承了一套根深蒂固的奇怪观念，用来理解"好好地"度过休息时间意味着什么（以及它的反面，怎样算是浪费掉休息时间）。根据这种时间观念，任何不为未来创造价值的行为，从定义上而言就是游手好闲。人们可以休息，不过只是为了恢复精力去工作，要么就是为了其他形式的自我提升。我们变得很难只为休息本身去享受片刻的清闲，不去管未来能够得到什么收益，因为没有工具价值的休息感觉就像是浪费。

但是，至少将一部分休闲时间"浪费掉"，只专注于这种体验的愉悦本身——真正地休闲，而不是暗自着眼于未来的自我提升——才是不浪费的唯一方式。为了最充分地过好你有幸获得的唯一的人生，你必须克制自己，不将每一段闲暇时光都用于个人发展。从这个角度来看，闲散不仅可以被原谅，而且简直就是一种责任。西蒙娜·德·波伏娃写道："如果一个老汉喝一杯酒得来的满足感不算什么，那么生产与财富就不过是浅薄的谬见。只有能够在个人和生活的乐趣中被重新发现的生产和财富才有意义。"

⚙ 病态的生产力

不过，关于休息，我们需要直面一个极少被承认的真相：在这个剥夺了所有休息机会的经济体系中，我们不仅仅是受害者，也越来越不想休息——当事情正在劲头上，此时停下工作会让我们特别不快；当感觉自己似乎效率不高时，我们便会坐立不安。一个极端的例子是小说家丹尼尔·斯蒂尔,她在2019年接受《魅力》(*Glamour*)杂志采访时,透露了自己如何在72岁前写出179本书,几乎每年出版七本的秘诀:几乎所有时间她都在工作,一天20小时,每月还有几天是24小时都在写作,每年只休假一星期,基本不睡觉。(她说:"除非困得能在地板上睡着,不然我不会上床睡觉。如果能睡上四个小时,对我来说那就是一个真正的良宵了。")斯蒂尔因其"野蛮粗暴"的工作习惯而广受好评。不过合理地讲,我们从这样的日常模式里当然也可以看到一个严重问题的端倪。这个问题就是,她根本无法克制自己不工作。事实上,斯蒂尔自己似乎也承认,她是在用工作逃避自己的复杂情绪。她的个人经历充满磨难,儿子成年后因吸毒过量而离世,自己则离婚不少于五次。她告诉《魅力》杂志,工作是"我的避难所。即使生活中发生了糟糕的事情,但工作不会变。它很可靠,是我避难的地方"。

指责斯蒂尔无法放松已经到了病态的程度似乎有些刻薄。不过我应该指出,这种病已经广泛传播。就像其他所有人一样,我也被它折磨。不过斯蒂尔为数百万浪漫小说读者带来了愉悦,我却没有。社会心理学家称这种无法休息的现象为"对闲散的反感",这听起来像是又一个无伤大雅的行为小毛病。

然而,对于任何类似于浪费时间的行为,我们在不安的同时都会保留一种渴望,一种类似于对永恒救赎的渴望。你只要以某种形式的努力奋斗填满一天当中的每个小时，就能继续相信所有这些奋斗会将你带到某处——带往想象中的未来完美状态。在那里，有限的时间不会给你带来痛苦，你也不会愧疚地感觉需要做更多工作以证明自己存在的合理性。也许我们不应该过于惊奇，填充休闲时光的活动不仅越来越像工作，而且有时就是体罚，比如说 SoulCycle[1] 健身课程或者 CrossFit[2] 体能训练课程。

为了休息本身而休息，享受一段纯粹的慵懒时光而不为其他，首先需要接受"这就是了"的事实：你的每一天并非在朝着那个想象中的未来、那个完美得无懈可击的快乐状态迈进，带着这种假想对待自己的时间，会系统性地消耗这四千个星期的内在价值。托马斯·沃尔夫写道："我们是自己的人生当中所有时刻的总和。我们的一切都在其中：无法逃离，无法隐藏。"在这世上的短暂时光里，如果我们想做自己，由此找到一些生活的乐趣，那么我们最好现在就做。

⚙ 为徒步而徒步

仲夏一个雨天的早晨，七点半刚过，我把车停在路边，拉上

---

[1] 春分健身俱乐部（Equinox Group）旗下的健身公司。——译者注
[2] 一家美国健身公司。——译者注

防水夹克的拉链，徒步走进了约克郡北部的高原荒地。当你独自一人时，完全不会因为愉快的谈话而在这天地一片荒芜的场面里走神，这片土地有一种特别震撼的美，所以我很高兴能独自上山。我经过了一个名字颇具撒旦崇拜意味的瀑布"地狱峡谷之力"，之后便来到了开阔的乡间。我的靴子发出清脆声响，惊得藏在石楠花丛里的松鸡纷纷飞了出来。再往前走1.6千米左右，在离路边很远的地方，我偶然发现了一座由石头砌成的废弃小教堂，门没有上锁。教堂里一片沉寂，仿佛多年未被打扰过，尽管事实上，昨天晚上可能就有徒步旅行者来过这里。20分钟后，我站上了荒地的最高处，迎着风，品味着这种我一直喜欢的荒凉感。我知道有些人更愿意在加勒比海滩上放松，而不是在阴沉的天空下穿过荆豆灌木丛，浑身湿透。但我不会假装理解他们。

当然了，这只是一次乡间徒步，也许是最平凡的休闲活动。然而，作为一种消磨时间的方式，它确实有一两个值得一提的特点。首先，与我生活中几乎所有其他事情都不同的是，我是否擅长于此并不重要：我只需要走路就可以了，四岁以后我的这项技能就没有明显的提高。此外，乡间徒步并没有什么目的，你不是努力想要取得某种结果，或者想要到达某个地方（即使步行去超市也是有目标的，那就是去超市。而在徒步旅行中，你要么沿着环路走，要么在到达指定地点之后返程，所以到达终点最有效的方式其实是一开始就不要出发）。它有一些好的附带结果，比如变得更健康，但这并不是人们徒步的普遍原因。因此，在乡间徒步就像听一首最喜欢的歌，或与朋友相约晚上聊天一样，是哲学家基兰·塞蒂亚的"无目的活动"概念的一个很好的例子，这个概念是指活动的价值并不来自它的目的或最终目标。你不应该设立"完成"徒步这个目标，也不可能到了一生中的某个时刻便已完成计划内的所有徒步。"你可以停止做这件事，而且终会停止，但你无法完成它。"塞蒂亚解释说，"达成这件事并不会消耗它，不会让它走向终结。"因此，做这件事的唯一理由就是为了它本身。"出去走一走的意义，不过就在于你正在做的这件事上。"

正如塞蒂亚在他的《中年》（*Midlife*）一书中所回忆的那样，在即将步入四十岁时，他第一次感受到一种渐渐逼近的空虚，后来他才理解，这是自己过着一种项目驱动型的生活造成的。充斥着人生的不是无目的活动，而是有目的活动，人生的主要目的是将活动完成，并取得成果。他在哲学期刊上发表论文是为了更快地获得学术终身职位；他寻求终身职位是为了获得良好的职业声誉和经济保障；他教学生是为了实现这些目标，也是为了帮助他们获得学位并启动他们自己的职业生涯。换句话说，他正因为我们一直在探索的这个问题而受苦：当你与时间的关系几乎完全是工具性的时候，当前的时刻就会失去意义。这种感觉以中年危机的形式出现是有道理的，因为人到中年时，我们许多人会第一次意识到死亡的迫近，而死亡让我们无法忽视只为未来而活的荒谬。当你过不了多久就不再有"以后"了，还去不断地将成就感推迟到以后的某个时间点，有什么意义呢？

最悲观的哲学家阿图尔·叔本华似乎已看出，这种人生的空虚感是人类欲望作用下不可避免的产物。我们整天都在追求各种渴望达成的成就，然而对于任何一项成就而言，比如在大学获得终身职位，情况往往是要么你还没有达成这项成就（所以你不满意，因为还没有得到渴望的东西），要么你已经实现了它（所以你还是不满意，因为你不再有这项奋斗目标了）。正如叔本华在他的代表作《作为意志和表象的世界》中所说，对人类来说，拥有"意愿的对象"（你想做的事情或想拥有的东西）本质上是痛苦的，因为尚未拥有它们十分糟糕，但得到它们可能更糟糕："另一方面，如果（人类动物）因为马上被太容易获得的满足感再一次剥夺了这些意愿的对象，从而造成它们的缺乏，那么一种可怕的空虚无聊感就会袭来。换句话说，个体及其存在对人而言成了无法承受的负担，因此人类会像钟摆一样在痛苦和无聊之间来回摇摆。"但是，无目的活动这个概念表明，叔本华可能忽略了另一种生活方式，它也许可以部分解决人生被过度工具化的问题。我们可以在日常生活中更多地为了事情本身而做事，也就是说，将部分时间花在为做而做的活动上。

◎ 激进的洛·史都华

有一个不那么花哨的词，涵盖了塞蒂亚所指的许多非目的活动——爱好。他不愿意使用这个词也情有可原，因为它如今象征着某种略显可悲的东西。许多人倾向于认为沉迷于爱好的人有罪，比如那些为各种小巧的二次元人偶上色，或者收集并照料稀有仙人掌的人，他们原本可以更积极地参与现实生活。不过在一个如此热衷于把时间当作工具对待的时代，爱好获得这种令人尴尬的声誉肯定不是巧合。在一个工具化的时代，拥有爱好的人是颠覆者：他坚持认为有些事情本身就值得做，即使在生产力和利润方面没有回报。我们嘲笑狂热的集邮者或者铁道迷，这可能真的是一种防御机制，让我们不用面对一种可能性，那就是他们真的很快乐，而我们则追求着目的性的生活，无休止地寻找未来的成就感，但并不快乐。这也就解释了，为何有一个"副业"、一个明确以盈利为目的的类似于爱好的活动，会不那么尴尬（事实上这很时尚）。

于是，为了获得真正的成就感，一个好的爱好大概会让人有点尴尬。尴尬就说明了你爱好一件事是因为事情本身，而不是因为社会认可的某个结果。几年前，我读到摇滚明星洛·史都华接受《铁路模型家》（*Railway Modeler*）杂志采访的新闻报道。里面讲到，过去二十年里，史都华一直在制作一个庞大而复杂的模型。

那是20世纪40年代美国城市的铁路布局模型，是想象中纽约和芝加哥的混合体，有摩天大楼、老式汽车和肮脏的人行道，上面的污垢都是史都华爵士亲自手绘的（他在巡回演出时随身携带这个模型，会在酒店多订一个房间来放置它）。这让我对史都华的敬意大增。如果将史都华的爱好与企业家理查德·布兰森的风筝冲浪运动比较，毫无疑问，理查德·布兰森真心觉得风筝冲浪很快乐，但我们很难不把他的娱乐活动理解为一种精心策划的行为，以烘托他敢于冒险的人设；而史都华对于火车模型的爱好，与他在《你认为我性感吗？》(*Do Ya Think I'm Sexy?*)中皮裤装扮、嗓门沙哑的歌手形象如此不一致，让人不得不认为这项爱好一定是他的真爱。

爱好会挑战我们注重生产力和业绩的主流文化，关于这一点还有一层含义：对于爱好，你可以显得平庸，而且也许平庸才更好。史都华向《铁路模型家》坦言，其实他并不擅长建造铁路布局模型（其中精密的电气线路就是花钱请人做的）。但这可能是他如此喜欢这件事的部分原因：当你做一件无法超群出众的事时，你就可以暂时放下"好好利用时间"的焦虑了——对史都华而言，可以想见，他的这种焦虑包括需要不断取悦观众，卖出满场门票，向全世界展示他仍有号召力等。

除了徒步，我最喜欢的另一项消遣是用电子琴弹奏埃尔顿·约翰的歌曲——这项活动如此令人振奋，令人陶醉，正是因为我不用担心以自己黑猩猩级别的音乐能力能挣到钱或获得好评，至少部分原因在此。相比之下，写作对我来说是一项压力更大的工作，更难保持完全投入，因为我必然希望自己可以出色地完成作品，获得高度赞扬，创造巨大的商业成功，或者至少做得足够好，来支撑我的自我价值感。

出版人及编辑凯伦·里纳尔迪对冲浪的感觉就像我对钢琴摇滚口水歌的感觉一样，只不过她更投入：她把所有的空闲时间都献给了冲浪，甚至把积蓄都花在了哥斯达黎加的一块土地上，来更好地接近大海。然而她欣然承认，自己至今仍是一个糟糕的冲浪者（她花了五年的时间尝试追浪前行，才终于成功了一次）。但里纳尔迪解释说："在试图获得片刻幸福的过程中，我体验到了其他的东西：耐心和谦逊自不必说，另外还有自由。自由地追求徒劳。对于失败感到无所谓，这种自由具有启示意味。"结果并不是一切。事实上，它们最好不是，因为结果总是后来才出现，而后来总是来得太迟。

急躁螺旋

如果你在一个汽车鸣笛声失控的城市待过很久，比如纽约或孟买，就会知道那种声音会给人一种特殊的烦躁感，因为它不仅破坏了宁静，而且这种破坏完全没有意义：大家的生活质量降低了，鸣笛者的情况也没有改善。在我住的布鲁克林区，晚高峰的鸣笛声差不多从下午4点开始，一直持续到晚上8点左右。在这段时间里，其实就那么几声鸣笛在发挥实际作用，比如警示别人注意危险，或者提醒走神的司机交通信号灯变了。其他的喇叭声表达的信息只不过是"快点"。然而每个开车的人都困在同样的交通状况里，都想往前走，却也都无能为力。没有哪个理智的人会真的相信鸣笛声能起到关键作用，让车流前行。因此，这种无意义的鸣笛其实同样表明，当涉及时间问题时，我们不愿意承认自己的局限性：这是一种愤怒的号叫，因为鸣笛者无法让周围的世界像自己希望的那样快速前进。

当我们对现实中的其他情况也采取这种霸道的态度，就会感到痛苦，这是中国古代道教的核心观点之一。"曲则全，枉则直""水善利万物而不争"。这类比喻是在说，万物就是它本来的样子，无论你多么强烈地希望情况并非如此。如果你想真正影响世界，唯一的希望就是与这个事实合作，而不是反抗。然而，明知无意义也要鸣笛，以及大家普遍表现出的不耐烦，表明我们大多数人都是相当糟糕的道家弟子。我们总觉得让事情按想要的速度发展是自己的权利，结果却让自己变得痛苦——不仅因为我们会沮丧很长时间，还因为催促地球转得更快的结果往往都适得其反。例如，交通领域的研究很久以前就证实，驾驶时不耐烦的行为往往会让行车速度变得更慢（焦躁不安的司机往往习惯在等红灯时一点点凑近前面的车，而这种做法会弄巧成拙——因为一旦车流开始移动，你就不得不加速得更慢，以免与前车追尾）。在其他方面，我们采取各种行动迫使现实加快步伐，结果也是一样。工作太匆忙，你就会犯更多错误，不得不返工；为了早点出门，催小孩快穿衣服，只会让你出门的时间变得更迟。

◎ 摆脱重力

虽然很难从科学上确定，但几乎可以肯定的是，我们比以前更急躁了。我们对于延迟的容忍度越来越低，这反映在各种统计数据中，从路怒症，到媒体播放的政要讲话摘要的长度，再到网民对于加载缓慢的页面一般愿意等待多少秒，不一而足（据推算，如果亚马逊的首页加载速度慢一秒，该公司年销售额将减少16亿美元）。然而，正如我在引言中提到的，这一点乍看之下似乎特别奇怪。从蒸汽机到移动宽带，几乎所有的新技术都让我们能更快地完成工作。这样一来，我们的生活不是可以更接近理想中的速度，让我们不那么急躁吗？然而自现代加速时代开始，人们并没有因为新技术节省了这么多时间而感到满意，反倒因为无法让事情进展更快而越来越焦虑了。

这就是另一个谜了。只有将其理解为我们对内在局限性的一种抵抗，谜底才会被解开。技术进步加剧了人们的焦躁感，因为每一次技术进步似乎都让我们超越了自己的极限。它似乎在承诺，这一次或许我们终于能让事情进展得足够快，可以完全掌控不断展开的时间了。因此每当现实提醒我们尚且无法实现这种程度的掌控，我们都会更沮丧。一旦微波炉可以在六十秒内加热晚餐，你就会觉得零秒加热似乎也可以实现，因此还得等上整整一分钟的现状就更令人抓狂了（你大概注意到了，办公室的微波炉经常显示上一个使用者没有用完的七八秒钟，这精确地记录了他们在哪一刻会急躁得无法忍受）。即使你设法用内心的宁静来消除急躁情绪，情况也不会有什么改变，因为你最终还是会面对社会性的焦躁，即更广泛的群体对于事情可以多快完成的期待在提升。一旦大多数人觉得一个人能够在一小时内回复四十封电子邮件,那么如果你想被公司续聘就要做到这一点,不管你对此感受如何。

这种急于求成的、总想加快现实速度的忐忑不安感,最生动地体现在阅读体验的变化上。过去十年间,越来越多的人说,每当他们拿起一本书,就会有一种强烈的"不安感"或"分心感"。不过最为贴切的理解是,这是一种急躁情绪,人们是反感阅读花费的时间比自己希望的更长。"我发现自己越来越难以集中注意力阅读单词、句子和段落了。"公版有声书平台LibriVox的创始人休·麦奎尔感叹道,他一直(至少直到最近)都是文学小说的终身读者。"更别提看完几个章节了。章节通常包含着一页又一页的段落。"相比于往日躺在床上看书的美好体验,他描述着如今发生的变化。"一句话读完。接下来再读一句。也许还能再读第三句。接下来……我就需要干一点儿别的了,做点让我渡过难关的事。我心里感觉痒痒的,只要扫一眼iPhone上的电子邮件;或者给威廉·吉布森写的有趣推文写回复,之后再删掉;或者去《纽约客》上找一篇不错的、真正不错的文章,然后加关注……"

人们抱怨自己不再有"阅读时间",但正如小说家提姆·帕克斯指出的,现实里一天连半小时空闲时间也找不到的情况是极为少见的。他们的意思是,即使真的找到了一丁点儿时间并打算用来阅读,也会发现自己太急躁了,无法全然投入。帕克斯写道:"不能说原因不过是我们被打搅了,原因是,我们实际上想要被打搅。"主要问题并不是我们太忙或太容易分心,而是我们不愿意接受这样的事实:阅读是一种多半按照文字自身的节奏而展开的活动。一旦读得太急,这项经历就会失去意义。可以说,阅读这项活动拒绝满足我们掌控自己的时间的愿望。换言之,就像现实中许多其他的问题我们不愿意承认一样,好好阅读确实会花费它原本需要的时间。

◎ 必须停,却停不下来

20世纪90年代末,美国加州一位名叫斯蒂芬妮·布朗的心理治疗师注意到,前来寻求帮助的客户当中出现了一些不同寻常的新症状。布朗的咨询室在门洛帕克①,位于硅谷的中心地带,随着第一次互联网热潮兴起,她发现自己遇到了它的早期受害者,也就是那些收入高、地位也高的成功人士。他们过惯了不断变化、充满刺激的生活,因此在50分钟的治疗过程中一直坐着,似乎会让他们的身体都痛起来。没过多久布朗便发现,这些人的紧张冲动感其实是一种自我治疗,他们产生这种感觉是为了不去感受其他情绪。她记得自己曾给一位女士提建议,希望她更温和地处理

---

① 美国加利福尼亚州圣马特奥县东南部的一座城市。——译者注

事情，而那位女士的反应是："只要我放慢速度，焦虑感就会涌上心头，我就得找一些东西来消除这种焦虑。"伸手抓手机、再次埋头于待办事项清单、在健身房的踏步机上猛踩一阵，这些快节奏的生活习惯都是在以某种方式回避情绪。几个月后，布朗突然意识到自己也曾如此逃避情绪。那是很早之前的事了，那段人生经历早已被她抛在脑后。可即便如此，这当中的联系也非常明显。她告诉我："这些人谈的完全是同一个问题啊！"她的声音仍然带着最初意识到这种共通之处的兴奋感。硅谷的这些精英让布朗想起了自己还是一个酒鬼时的日子。

要理解她这句话的含义，就需要知道，布朗和许多曾经的酒鬼一样，非常推崇匿名戒酒会的十二步哲学，她认为酗酒从根本上说是人们想要对自己的情绪施加一定程度的控制，但其实你永远也无法做到。这位未来的酒鬼开始喝酒是为了逃避痛苦的感受：布朗说她十六岁时便开始大量饮酒，因为这似乎是消除她与父母之间巨大的情感距离的唯一办法，而她的父母终身都是酒鬼。她回忆道："我很小的时候就知道我们家出了很大的问题。但父亲第一次递给我一杯婚礼香槟时，我记得当时自己很兴奋，想都没想，仿佛我终于可以融入这个家庭了。"

起初，喝酒似乎能奏效，因为这样做确实可以暂时麻痹不愉快的情绪。但从长远来看，它会带来灾难性的后果。尽管你想方设法回避自己的感受，但事实是你仍然停留在原地，停留在不健全的家庭关系或者虐待关系中，遭受抑郁症的折磨，或者不去面对童年创伤的后果。因此这些情绪很快就会回来，需要更烈的酒才能麻痹。只是到了这个时候，酗酒者又有了其他的问题：不但需要喝酒才能勉强控制自己的情绪，也必须想方设法控制饮酒量，才能保证自己不会失去伴侣、工作，甚至生命。在工作和家庭生活中，她或许会遭遇更多的争执与摩擦，对自己的处境感到丢脸——这些都会让人产生更消极的情绪，需要更多酒精才能自我麻痹。正是这种恶性循环构成了一项成瘾活动的心理内核。你知道自己必须停下来，但却无法停下来，因为这种伤害你的东西（酒精）好像已经成了控制负面情绪的唯一手段。然而实际上，正是酗酒在助长这些负面情绪。

也许将"速度成瘾"（布朗对加速生活这种现代病症的称呼）与酗酒这类严重的情况相提并论有些夸张。这种类比肯定会冒犯一些人。但她的观点并不是说难以控制的加速生活会像酗酒一样对身体造成伤害，而是说两者的基本机制是相同的。当世界变得越来越快，我们也渐渐认为生活是否幸福、经济上是否过得去，取决于我们能否以超人般的速度去工作、行动、实现计划。我们越来越担心自己跟不上节奏，于是为了平息焦虑，为了努力获得生活尽在掌控的感觉，我们加快行动步伐。但这样做只会形成一个成瘾性的螺旋（恶性循环）。我们更加卖力，以便摆脱焦虑，结果却产生了更多的焦虑。因为我们走得越快就越清楚，包括自己在内,全世界永远都达不到理想中的速度(同时我们还要承受速度过快带来的其他影响:糟糕的工作成果、更差的饮食习惯、被破坏的人际关系)。然而,为了应对这些额外的焦虑,唯一似乎可行的方式就是继续加速。你已经认识到必须停止加速,但同时感觉好像停不下来。

这种生活方式也并不完全令人不快:就像酒精给酗酒者带来了兴奋感一样,以极快的速度生活会有一种令人陶醉的快感[正如科学作家詹姆斯·格雷克所指出的,"快速行动"(rush)这个词的另一个意思是"一种激动且振奋的感觉",这并不是巧合]。但想要以此实现心境的平和是注定要失败的。另外,如果你有酗酒的倾向,好心的朋友还会想办法干预,引导你过上更健康的生活;但如果你是对速度成瘾,社会却往往会赞扬你,朋友也更可能称赞你"有干劲"。

这是一个徒劳无功的局面:成瘾者努力重新取得控制感,但这种努力反而让自己越来越失控。基于此,匿名戒酒会提出了一条听起来很矛盾的见解,并因此出名:如果你不放弃战胜酒精的一切希望,就没有战胜酒精的希望。发生这种关键的转变通常是由于人"跌入了谷底",也就是戒酒会所说的,当事情足够糟糕,你已经不能欺骗自己的时候。在那一刻,酗酒者没有了任何其他选择,只能向一个令人不快的真相投降:自己根本没有能力拿酒精作为战略工具来抑制自己最难对付的那些情绪。(十二步骤的第一步是："我们承认自己对酒精本就无能为力——承认我们的生活已经变得无法控制。"）只有到那时，酗酒者放弃了那种破坏性的努力，不再追求不可能的事，他才能开始实现真正有可能的事情：面对现实。其中最重要的一个现实就是，对他而言，任何程度的饮酒都无法让他过上正常的生活。然后他才能行动起来，慢慢地、清醒地塑造更有成效、更充实的生活。

同样，布朗认为，我们这些对速度成瘾的人必须回到现实中来。我们必须向现实投降，认识到完成一件事情就是需要时间。你不能通过加快工作速度来平息焦虑，因为你无法强迫现实如你所愿地加快步伐。因为你走得越快，就越会觉得需要加速。布朗的客户发现，如果自己能让这些幻想破灭，就会有意想不到的事情发生。就像酗酒者，如果放弃自己不切实际的控制欲望，就可以获得这种脚踏实地、直面现实、实实在在的感受，逐渐康复。心理治疗师称其为"第二序改变"（second-order change），意思是说，这不是一种渐进式的改善，而是变换视角之后，一切都会不一样。当你最终面对现实，承认自己无法控制事情的发展速度时，你就不会再尝试逃避自己的焦虑感，焦虑感也就发生了变化。于是，面对一个不能急于求成的、具有挑战性的工作项目，潜心研究就不会是紧张情绪的导火索，而是一种令人振奋的选择；给予一本有难度的小说足够的时间，它就会成为乐趣的来源。"你会认识并欣赏到耐力、坚持和一步步向前走的美好。"布朗解释说，

"你会放弃追求立即解决问题、立即缓解不适和痛苦、找到神奇的解决方法。"你会松一口气,然后深入生活的真实状态,清醒地意识到自己的局限性。这样,你就会获得一种如今最不起眼,但又可能最有影响力的超能力——耐心。

待在公交车上

首先,做任何事,如果事先知道需要有耐心才行,似乎就让人提不起劲来了。我们一般会觉得,有才华但谦虚的员工如果"耐心等待"晋升,那就要等上很长时间:她本应该大肆宣扬自己的业绩才对。这么说来,耐心就是让你从心理上适应自己缺少力量,帮助你认清自己的卑微地位,期盼着更好的日子到来。但是,随着社会加速发展,情况发生了变化。更多情况是,耐心变成了一种有形的能力。在急于求成的社会里,能够抵挡急于求成的冲动,让事情慢慢来。这样才能把握世界,做有意义的工作,并从工作本身获得满足,而不是把所有的成就感推迟到未来。

我最开始是从詹妮弗·罗伯茨那里学到的这一点,她在哈佛大学教艺术史。上罗伯茨的课,一开始的作业总是一样的,而且众所周知,这是一份会让学生惊恐大叫的作业:在当地博物馆选择一幅画或一个雕塑,然后一连三个小时盯着它,其间不能查看电子邮件或社交媒体,也不能跑去星巴克(她勉强让步,上厕所还是允许的）。当我告诉一个朋友我打算去哈佛见罗伯茨，并要亲自练习观画时，他看了我一眼，眼神中夹杂着钦佩和对我的理智的担忧，就好像我刚刚宣布打算独自乘皮划艇穿越亚马孙河一样。他担心我的心理健康，这也不完全是错的。在完成这份作业的过程中，有很长一段时间我都在哈佛艺术博物馆的座椅上坐立不安，宁愿去做无数我平时无法忍受的其他事情，比如买衣服、组装平板家具、用大头针扎自己的大腿，因为我可以赶紧做完这类事，不必耐心等待。

这种反应对罗伯茨来说并不奇怪。她坚持让作业的时间持续三个小时，因为她知道这么长的一段时间会令人感到痛苦，特别是那些已经习惯生活高速运转的人。她想让人们亲身体验一下被困在原地无法强行迈开步伐的折磨与煎熬，而征服这种感觉、达到超然的境界也是值得的。罗伯茨告诉我，之所以让学生做这样的作业，是因为她的学生面临着太多要求他们快速行动的外部压力。这些外部压力既来自数字技术，也来自哈佛特别激烈的竞争氛围。她开始觉得，作为老师，仅仅布置作业、检查作业是不够的。她认为，如果不试着影响学生的学习节奏，帮他们放慢速度，以达到艺术的要求，那就是她的失职。她说：“学生们需要有人允许他们在做事时花这么长的时间，必须有人给他们一套规则，与他们生活中占主要位置的那套规则区分开来。"

有一些艺术形式对观众施加时间限制的方式非常明显：例如

观看《费加罗的婚礼》的现场表演，或者《阿拉伯的劳伦斯》的影片放映。你别无选择，只能接受这些作品演出的时间长度。但欣赏其他类型的作品，包括绘画，必须施加外部限制。因为你很容易告诉自己，虽然看一幅画只花了几秒钟，但你已经看到了它。因此，为了防止学生匆匆忙忙完成作业，罗伯茨不得不将作业本身布置得"不匆忙"。

她自己也做了这个练习，观看美国艺术家约翰·辛格尔顿·科普利的《男孩与松鼠》（*Boy with a Squirrel*，这幅画表现了一个男孩与一只松鼠）。罗伯茨后来写道："我花了9分钟才注意到，男孩耳朵的形状正好与松鼠腹部绒毛的形状非常相似。科普利在动物和人体之间建立了某种联系……我花了整整45分钟才意识到，背景幕帘上看似随意的褶皱，实际上是男孩耳朵和眼睛的完美复制。"

这种试图克服匆忙的冲动而培养的耐心并不意味着被动或逆来顺受。相反，这是一种积极的、几乎深入骨髓的警醒——我们会发现，这样做的好处将远远超出艺术欣赏的范围。不过为了准确起见，我们来看看，以下情境中会发生什么：你在哈佛艺术博物馆里，在小折叠椅上一连坐上三个小时，看着埃德加·德加的画作《新奥尔良的棉花商人》（*Cotton Merchants in New Orleans*），手机、笔记本电脑和其他令人分心的东西都被收在衣帽间里。一开始，你会花40分钟思考一直以来你到底在想什么。你记得（你怎么可能忘记呢？）自己一直都很讨厌美术馆，尤其是大量游客穿梭其间，空气中都弥漫着昏昏欲睡的感觉。你考虑换一幅画看看，眼前这幅画很明显让你感觉乏味（画的是三个男人在一个房间里，检查着成捆的棉花），不如看看旁边的那幅作品。但你不得不承认，重新开始欣赏一幅画作就意味着你屈服于自己的急躁情绪了，你本来是到这里学习如何克服这种急躁情绪的。于是你开始等待。起初牢骚不已，接着困乏占了上风，然后又感到烦躁不安。时间慢了下来，停滞了。你想知道是不是已经过了一个小时，但一看表，发现才过了17分钟。

然后，在第80分钟左右，变化发生了，但你并没注意到这种变化是何时发生的，又是如何发生的。你终于放弃了，不再逃避时间流逝缓慢带来的不适感，这种不适感也随之减弱。德加的画开始显示出它隐秘的细节：三个人的脸上带着警惕和悲伤的微妙表情。你第一次注意到，其中一人是一个身处于白人当中的黑人商贩。你还看到了一个之前未注意到的解释不清的阴影，就好像有第四个人潜伏在视野之外。这幅画还给人一种奇怪的错觉：当你的眼睛关注画中的其他线条时，画中的人物会表现得虚实不定，如同幽灵一般。不久之后，你所有的感官都会进入画中的场景：新奥尔良的那个房间潮湿，令人感到封闭恐惧，地板发出吱吱声，空气中弥漫着灰尘的味道。

第二序改变已经发生了：现在你已经放弃，不再想去徒劳地支配体验的速度，真正的体验也就开始了。你开始理解哲学家罗伯特·格鲁丁的意思,他把耐心的体验描述为"有形的,几乎可以吃到",它让事物看上去可以咀嚼(这个词不是很恰当,但它是眼下意思最接近的一个词了),让你可以一口咬下去[①]。你放弃了控制现实节奏的幻想,终于感觉自己能够真正抓牢这种现实了。或者,用英国人的话来说,感到自己真正地投入生活中去了。

边看边等

心理治疗师 M. 斯科特·佩克在《少有人走的路》(The Road Less Traveled)一书中,讲述了一个向现实速度投降而改变人生的经历。那次经历说明,耐心不仅仅是一种平和面对当下的生活方式,还是一种具体且有用的技能。佩克解释说,在三十七岁之前,他一直认为自己是一个"机械方面的白痴",对修理家用电器、汽车、自行车这类事情几乎一窍不通。后来有一天,他碰到邻居正在修理除草机,便自嘲般地称赞说:"哇,我真的很佩服你。这些东西我从来都修不好!"

"那是因为你没有花时间。"邻居回答道。这句话让佩克耿耿于怀,困扰着他灵魂深处的某些东西。几周后,当他的一位病人

[①] 此处原文为 sink your teeth,在英语中有"全身心投入"的意思。——编者注

的汽车刹车被卡住时,这句话又浮现在他的脑海里。他写道,通常情况下,他"只会胡乱扯几根电线。如果没有效果,便会耸耸肩、摊摊手,宣布'我做不到'",不过这一次,佩克想起了邻居的告诫:

我躺在(汽车)方向盘下面的地板上,尽量提醒自己放松下来。我深深吐出一口气,然后耐心地观察了好几分钟……起初,我看不懂眼前成堆的那些电线啊、管子啊、杆子啊,它们到底是干什么用的?但渐渐地,我集中精力观察与刹车有关的机件,看看它接到哪里。终于,我找到了症结——那个使刹车无法松开的小开关。我仔细研究了一下,发现把手指往上一扳,卡住的刹车就修好了。就这样,我成功了。真是想不到,只要指尖给出一点点压力,问题就彻底解决了。我真是个机修大师啊!

通过这件事,佩克发现,如果你愿意忍受无知带来的不适感,解决方案往往就会出现。就算这只是关于修理除草机和汽车的建议,也足够有用了。但他认为这一点更广泛的意义在于,它几乎适用于生活中的方方面面:创造性工作的问题、人际关系问题、政治问题、育儿问题等。我们一旦允许现实以自己的节奏展开,这体验便会弄得我们不安,当问题来临时,争分夺秒地寻找解决方案会让我们觉得好一些——想出任何一个解决方案都好,这样我们就能告诉自己我们正在"处理"问题，好像一切仍然尽在掌控。因此我们会和伴侣不耐烦地说话，不想倾听他们的心声，因为等待和倾听（恰好）会让我们觉得自己没有控制住局面。我们放弃困难的创作项目或新的恋情，因为与其等着看这些事情会如何发展，不如直接放弃，反而可以减少些不确定性。佩克回忆起自己的一名病人，她是一名成功的金融分析师，管教孩子时也会采取仓促的方法。"她常常想到什么就做什么，比如强迫孩子多吃点早餐、早点上床睡觉，却不管这样做能否解决问题。一旦收效甚微，她就会来治疗……还懊恼地说：'我拿他们一点儿办法也没有。我该怎么办呢？'"

⚙ 耐心的三大原则

在实践中，有三条特别有用的经验法则，可将耐心的力量化作日常生活中的创造性源泉。第一条原则是让自己喜欢上问题。我们急于跨越每一个障碍与挑战，努力"解决"它，这背后通常隐藏着一个未言明的幻想：你希望有一天能达到没有任何问题的状态。因此我们大多数人会将遇到的问题视为两重麻烦：第一重麻烦是我们面临的这个具体问题；第二重麻烦是我们相信自己根本不应该有问题，即使这种想法只存在于潜意识里。然而人永远都不可能没有问题。更重要的是，你其实不会想要处于那种状态，因为没有任何问题的生活也就意味着没有任何值得做的事，那生活也就毫无意义了。到底什么是"问题"呢？最普遍的定义是，它是需要你解决的事情——如果生活中没有这样的需要，那么就没有任何事物有意义了。一旦你放弃根除生活中的所有问题这一无法实现的目标，可能就会意识到，生活就是与一个又一个的问题打交道，然后为每一个问题花时间寻找答案的过程——换言之，生活中各种问题的出现并不会阻碍你的生活，而是你存在的实质。

第二条原则是接受激进的渐进主义。心理学教授罗伯特·博伊斯在他的职业生涯中一直在研究学术伙伴的写作习惯。他得出一条结论：与其他人相比，他们当中最多产和最成功的人通常会让写作只占日常生活中的很少一部分时间。这样一来，日复一日地坚持就变得更容易了。他们培养耐心，能够忍受自己的一天可能不会有太多收获，而结果却是可以长期坚持，这样一来收获其实更多。他们每天用很短的时间写作，有时甚至短至10分钟，长则不超过4个小时，一到周末，他们就会彻底休息。博伊斯曾经尝试向一些博士生宣讲这种做法，但那些惊慌失措的博士生基本没有耐心听下去。他们抗议说，自己手头的任务迫在眉睫，承受不起这种自我放纵的工作方式。他们需要完成论文，而且要快！而在博伊斯看来，这种反应恰好证明了他的观点。正因为学生急不可耐地想要以超常的速度尽快赶完作业，他们才无法进步。他们无法忍受那种不适感，不想承认自己无法全然控制写作的速度。因此他们会想办法逃避这种不适感，要么根本就不开始，要么就一头扎进去，全天紧张写作。但是这样做反而会在之后造成拖延，因为他们会讨厌整个努力的过程。

因此，激进的渐进主义很关键的一点在于，它在生产力方面与很多主流的建议背道而驰，认为每当一天中预设的结束时间一到，你就得停下来。即便精力依然充沛，感觉自己还可以继续工作，也得停下来。如果你已经决定为了某个项目工作50分钟，那么50分钟一过，你就要起身离开。为什么呢？因为正如博伊斯解释的那样，在结束时间过后继续工作的冲动，"在很大程度上就是没有耐心，觉得自己还没完成，效率不够高，再也找不到这样理想的工作时间"。停下来有助于增强你的耐心，使你能够一次又一次地回到项目中，在整个职业生涯中保持生产力。

最后一条原则是，在大多数情况下，原创就在模仿的前方。芬兰裔美国摄影师阿诺·明基宁以一则赫尔辛基公交总站的寓言讲述了一个深刻的真理，来说明耐心的力量。他解释说，赫尔辛基公交总站有二十几个站台，每一个站台都有几条不同的公交线路。在旅程的前半段，从站台出发的每路公交车都会走相同的路线，停靠相同的站点。明基宁建议摄影专业的学生把每一站看成他们职业生涯中的一年。你选择一个艺术方向——也许从裸体人像的铂金显影法研究开始，积累自己的作品集。三年后（或者说三站公交过后），你自豪地将作品交给画廊的老板。但沮丧的是，你被告知这些照片并不如想象中那样具有原创性，因为它们看起来就像是摄影师欧文·佩恩作品的山寨版。事实证明，佩恩的公交车和你的公交车走的是同一条路线。你对自己浪费了三年时间走别人的路感到恼火，跳下那辆公交车，叫了辆出租车将你载回开始的地方，回到了公交总站。这一次，你登上了另一路公交车，专攻另一种摄影类型。但几站之后，同样的事情发生了：你被告知，新作品似乎依然没有独创性。你又回到了公交总站。这个过程会不断重复下去：你的作品没有一件看起来是独一无二的。

有什么解决办法吗？"很简单。"明基宁说，"待在公交车上。老老实实地待在公交车上。"在穿越城市的旅程中，赫尔辛基的公交车路线开始分岔，穿过郊区，进入乡村，最后到达各自的目的地。这才是独创性工作开始的地方。只有那些真正有耐心的人才能将身心沉浸在早期阶段，模仿他人，学习新技能，不断试错并积累经验，这才是真正的开始。

这条洞见并不仅仅适用于创造性工作。人生的许多方面都存在强大的文化压力，要求人们向个性方向发展，放弃传统的生活选择，诸如结婚、生子、留在家乡、从事办公室工作等，转而选择一些更令人兴奋、更新鲜的事情。然而如果你总是以这种方式追求非常规的东西，其实并不能让自己体验更多的独特性，因为它会被留给那些有耐心先走常路的人。就像詹妮弗·罗伯茨的三个小时观画练习一样,你要先愿意停下来待在原地,享受自己待在原地的这段时间,而不是总催促现实加快速度。要想体验老夫老妻之间深刻的相互理解,你就必须与一个人长相厮守;要想知道深深扎根于一个地方是什么样的生活方式,你就必须停止四处奔波。这些都是有意义的独特成就,只是必须花费相应的时间才能实现。

数字游民的孤独

屈从于时间限制,不去试图控制事情的发展方向,将让你找到一种更深层的自由。耐心并不是唯一方法。另一个方法我们可以从关于他人的一种总让人恼火的现象中看到——我想你已经注意到了,他人总是会以各种方式影响你的时间,令你感到懊恼。几乎所有的生产力建议都有一条原则,即在一个理想的世界里,唯一能决定你时间规划的人就是你自己:你可以安排自己的时间,想在哪里工作就在哪里工作,想休假就休假,一般不受任何人约束。但必须指出的是,这种掌控感需要付出代价才能实现,这样其实并不值得。

每当出现我不满于截止期限,或者宝宝的无法预测的睡眠模式,或者其他挑战我时间主权的情况,我就会想起马里奥·萨尔塞多的警世故事。他是一位古巴裔美国金融顾问。可以肯定的是,他在游轮上度过的夜晚数量之多无人能及,被皇家加勒比游轮公司的员工称为"超级马里奥"。作为一名海上居民,他待在船上近二十年，唯一的中断是由于2020年的新冠肺炎疫情。毫无疑问，他完全掌控着自己的时间。他曾在"海洋魅力号"上的游泳池边对电影制片人兰斯·奥本海姆说："我不用倒垃圾，不用打扫卫生，不用洗衣服，所有不产生价值的工作我都不用做。我所有的时间都可以用来做自己喜欢的事。"但如果告诉你他其实没有他说的那么快乐，相信你也不会感到惊讶。在奥本海姆的短片《世界上最幸福的人》(*The Happiest Guy in the World*)中，萨尔塞多端着鸡尾酒在甲板上走来走去，凝视着大海，他口中的"朋友"（皇家加勒比游轮的员工）对他报以僵硬的微笑和不情愿的轻吻，然后他开始抱怨自己船舱里的电视收不到福克斯新闻。"我可能是全世界最幸福的人！"面对其他不认识的乘客，他这样强调着，而那些乘客则礼貌性地微笑点头，假装十分羡慕。

　　当然，我其实无权断言萨尔塞多没有那么幸福。也许他真的很幸福。但我可以肯定，如果让我过上和他一样的生活，我不会感到幸福。我认为问题在于他这样的生活方式是基于对时间价值的误解。借用经济学的说法，萨尔塞多认为时间是一种普通的"商品"——一种对你来说越多就越有价值的资源（金钱就是典型的例子，拥有越多越好）。然而事实是，时间也是一种"关系网商品"，它的价值在于其他人是不是也拥有足够多的时间，以及他人的时间与你的时间是如何协调的。就像电话网：电话的价值在于其他人也能使用（使用电话的人越多，你拥有电话的好处就越多。

而且与金钱不同,仅仅为了个人使用而占有很多电话完全没有意义)。社交媒体平台也遵循同样的逻辑。重要的不是你有多少个社交媒体账号,而是其他人也有账号,并且与你的账号相联系。

与金钱一样,在其他条件相同的情况下,有充足的时间是件好事。但如果只有你一个人,就算你能享受这世上所有的时间也没什么用。无数重要的事情,比如社交、约会、抚养孩子、创办企业、开展政治活动、实现技术进步,这些事情都需要时间,我们必须与他人的时间同步。事实上,时间充裕却没机会与他人同步,这样不仅没有意义,也特别令人难过。这便是为什么对过去的人来说发配边疆是最糟糕的惩罚,它让你被遗弃在某个偏远的地方,无法融入当地的生活节奏。"超级马里奥"对时间有如此大的支配权,似乎也让自己陷于同样的命运,只是形式稍微温和一点罢了。

同步与不同步

然而,真正令人不安的是,即使我们从未想要过上萨尔塞多那样的生活,也可能会犯同样的基本错误——把时间当作可以囤积的东西。但其实,时间应该被拿来分享,即使这意味着你要放弃自己的一些权力,自由决定用它做什么、什么时候用它。我得承认，我之所以决定离开报社，成为一名自由作家，主要就是为了在时间方面更加自由。我们之所以会认为一些工作不错，其背后隐含的理由也是如此，例如能方便有小孩的员工的弹性工作制，还有一些可以允许员工远程上班的工作制度。经历了疫情防控期间的封城之后，这些措施应该会更加普遍。"一个资源普通但时间灵活的人，显然比一个资源无限但没有灵活时间的富人更加幸福。"从漫画家转变为励志大师的斯考特·亚当斯在总结个人时间管理思想时给出了这样的忠告。因此他说："在你寻求幸福的过程中，第一步便是不断努力控制时间。"这种观点的最极致的表现形式就是"数字游民"这种现代生活方式——将自己从激烈的商业竞争中解放出来，按照自己想要的方式带着笔记本电脑环游世界，在危地马拉的海滩或泰国的山顶上经营自己的网络事业。

不过"数字游民"是一个错误的称呼，而且是一个具有启发性的错误称呼。传统的牧人并非只是碰巧没有笔记本电脑的孤独流浪汉。他们过着群居生活，拥有的个人自由甚至比不上定居部落，因为游牧民族的生存取决于相互协作。此外，在数字游民袒露心声的时刻，他们承认自己在生活中遇到的主要问题就是严重的孤独感。"去年我游历了17个国家，今年我计划在10个国家旅居。"作家马克·曼森写道，那时他还是个自由职业者。"去年，我在三个月的时间里游览了泰姬陵、长城和马丘比丘[①]……但都是独自一人。"曼森得知另一位数字游民"在日本的郊外，看到一家人在公园里一起骑自行车时泪流满面"，这是因为他突然意识到，他所谓的自由，这种理论上随时都能做自己想做的事的能力，让眼前这样平凡的快乐变得遥不可及。

我想说的是，自由职业或者长期旅行本质上并不是坏事，更不用说家庭友好型的职场规定了。问题是这类职业都有一个无法避免的缺点：个人获得时间上的自由，就不容易与其他人协调时间。数字游民的生活方式让他们无法与集体建立起牢固的深层联结。同样，对于我们其他人来说，自由地选择工作时间和地点会让我们更难通过工作建立联系，而且在朋友有空的时候，我们却可能刚好没时间。

2013年，来自瑞典乌普萨拉的研究人员特里·哈蒂格和几位同事巧妙地证明了同步性与生活满意度之间的关系。当时他提出了一个奇思妙想，统计瑞典人的休假模式与药剂师发放抗抑郁药物的数量，并将两者作比较，得出了两个核心结论。其中一个结论并不引人注目：瑞典人休假时会更快乐（平均的抗抑郁药用量更低）。而另一个结论更具启示意义：哈蒂格证明，在特定日期休假的人越多，抗抑郁药的用量就同比例下降得越多。或者换一种

[①] 印加帝国古城遗址，位于秘鲁。——译者注

数字游民的孤独

说法，同时休假的人数越多，人们就越快乐。人们的心理状态变好，不仅是因为获得了休假时间，还因为与其他人同时休假。当许多人同时休假，就好像有一种超自然的云层在无形中笼罩着整个国家，令人感到放松。

不过如果你细细思考，就会觉得这种情况合情合理，没什么超自然的。当家人和朋友放下工作，你就更容易与他们增进感情。同样，如果你确定你想放松的时候，整个办公室都没人，你就不会想到还有未完成的任务在不断积压，还有电子邮件正不断填满收件箱，还有觊觎你工作岗位的同事在图谋上位，也就不会感到焦虑。尽管如此，同步休假的好处能影响全国这一点还是让人觉得有些诡异。哈蒂格表示，尽管退休人员已经不再工作，可以一直休息，但是当更多在职人员享受假期时，他们也会感到更快乐。这一发现也与其他研究结果相呼应：长期失业的人在周末到来时幸福感会提升，尽管没有工作，但他们也会像忙碌一周后的上班族那样享受闲暇的周末。周末之所以令人开心，部分原因是他们可以与同样休假的人一起度过。此外，对于失业者来说，周末为他们提供了喘息的机会，因为周末本来就不必工作，他们无须为此感到羞愧。

哈蒂格的研究结论引发了争议，但他没有因此退缩。他说，这些结论表明人们需要的不是可以自己灵活控制的日程安排，而是他所说的"对时间的社会调节"：人们需要更多的外部压力，让他们以特定方式安排自己的时间。这意味着需要有更多人愿意融入集体的节奏。人们需要更多的传统习俗或法国的大长假（Grades vacances），每年夏天几乎所有机构都会停业几个星期。甚至还需要制定更多法律规范人们什么时候可以工作，什么时候不可以工作，比如限制商店在星期日营业，以及最近欧洲立法禁止某些雇主在下班时间发送工作邮件等。

几年前，一次出差去瑞典的时候，"菲卡"（fika）让我体验到了上述想法的小型现实版。这是个瑞典词，指的是在一些公司，每天一到时间，每个人都离开办公桌，一起喝咖啡、吃蛋糕。整个场面就像精心准备的茶歇。不过如果你认为这就是菲卡的全部，瑞典人很可能会觉得稍微有些冒犯（对于非瑞典人而言，"稍微有些冒犯"其实相当于严重冒犯）。因为在菲卡的过程中，一些无形但重要的事情发生了：工作时的分工被搁置在一边，人们不分年龄、阶级和职位，讨论与工作有关或无关的事情：在这半小时左右的时间里，交流与吃喝比等级与职位更重要。一位高级经理告诉我，这是迄今为止了解公司真实情况的最有效的方式。然而，菲卡之所以有效，只是因为参与的人愿意交出他们对个人时间的控制权。如果你坚持不参加菲卡，非要在其他时间放下工作喝咖啡，当然也没问题，但其他同事可能会对你冷眼相待。

⚙ 时间保持一致

当你与他人保持一致时,还有一种更深层次的感受会从心底油然而生,让你感觉时间更真实——更强烈、更生动、更充满意义。1941年,一个名叫威廉·麦克尼尔的年轻美国人应征加入美国陆军,被派往得克萨斯州一片尘土飞扬的灌木丛中的训练营接受基本训练。名义上,他的任务是学习如何发射高射炮,但营地有数千名受训者,却只有一门高射炮,而且那门高射炮还有部分功能受到限制,于是负责训练的长官便用传统的军事行军演习来填补漫长的空闲时间。从表面上看,即使像麦克尼尔这样的新手也明白这种练习完全没有意义:在第二次世界大战期间,部队的远距离交通靠的是卡车和火车,而不是步行;在机关枪的时代,在激烈的战斗中行军简直就是让敌人来屠杀自己。因此麦克尼尔完全没有料到,与战友们一起行军的那次经历会让他感到如此震撼:

在操练场上漫无目的地行军,按照规定的军姿走着,步调一致,昂首阔步,精神完全集中,以便正确及时地做出下一个动作,不知为什么,这种感觉很好。语言无法描述演习中长时间动作一致所产生的那种情感。我记得当时我整个人洋溢着幸福感。更具体地说,有一种个人被放大了的奇特感受,一种不断膨胀、变得比生命还大的感觉，这要归功于集体仪式……脚步轻快并保持同步，足以让我们对自己感觉良好，对一同行动感到满意，对整个世界隐约感到高兴。

这段经历让麦克尼尔难以忘怀。战后，他成为一名专业的历史学家，在专著《时间保持一致》（Keeping Together in Time）中再次提到了这个想法。他在书中写道，同步行动与大合唱一样，在世界历史上一直是一种被严重低估的力量。它促进了各种不同类型的群体内部成员间的凝聚力，例如埃及金字塔的建造者、奥斯曼帝国的军队，以及每天开始工作前集体离开工位做广播操的日本上班族。罗马将军最早发现，士兵们如果同步行军，可以在变得疲惫不堪之前走更远的路。一些持进化论观点的生物学家也推测，音乐（其本身难以用达尔文的自然选择理论加以解释，一般认为它是在更重要的机制下产生的令人愉快的副产品）可能是作为一种协调大型部落战士群体的方式出现的，它可以让整个部落的战士跟着节奏和旋律统一行动。如果用其他交流方式来统一行动就太麻烦了。

在日常生活中，人们的行为往往会在不知不觉间就一致起来：剧院里的掌声会逐渐形成统一的节奏；如果你和朋友，或者哪怕是跟陌生人一起走在街上，也会很快发现你们的步伐开始变得一致。在潜意识中，这种协调行动的冲动非常强大，甚至连死对头都无法抵挡。很难想象,哪两个人会比2009年世界田径锦标赛上争夺男子百米冠军的短跑运动员尤塞恩·博尔特和泰森·盖伊更想击败对方(至少在意识层面上是如此)。逐帧分析比赛画面后可以看到,尽管博尔特特别想赢得比赛,但他还是忍不住跟着盖伊的步伐跑了起来。而博尔特肯定因此受益了,因为另一个研究表明,顺应外部节奏会让一个人的步态在不知不觉中变得更有效率。盖伊很可能不自觉地帮对手创造了新的世界纪录。

跳舞的人都知道,当她们陶醉在舞蹈中时,同步性会让她们通往另一个境界——在那个神圣之地,自我的边界越来越模糊,时间似乎不复存在。作为社区合唱团的一员,我感受到了这一点:当业余歌手尖锐而单调的嗓音合在一起时,会实现完美的效果,那样的效果单凭歌手自己的能力很难达到(2005年,有一项研究得出结论:合唱所带来的心理收益并不会因为人们"发声器官资质平平"而减少)。就这一点而言,我在日常生活中也能感受到——例如,每月在食品合作社值班时,我会与其他几乎不认识的工友们一起,把一箱箱胡萝卜和西蓝花扔到传送带上。就在几个小时内,我与他们之间建立的联结甚至比一些真正的朋友感情更深。

在这样的时刻,有一种神秘的东西在发挥作用。要证明它的威力有多么强大,最能说明问题的一点就是,它可以实现危险甚至致命的目的。毕竟在军事指挥官看来,士兵之间做到同步的主要好处并不在于他们能走得更远,而是当士兵觉得自己从属于某种超越自我的集体时,他们就更愿意为部队献出生命。在高顶教堂里排练亨德尔的《弥赛亚》,就连业余歌者应该也可以想象如何进入那种状态。"当我独自一人歌唱,世界并不会打开,变成蕴含无尽希望和可能性的璀璨境地",作家兼唱诗班成员斯泰西·霍恩说,只有当"我被同伴包围着,我们所有不同的声音合在一起时,就会在和谐中颤动——就像同频闪耀的萤火虫一样,那时我才会觉得,正在掠过大脑、身体和心灵的名曲,点亮了整个世界"。

永远不见朋友的自由

问题是,在时间上,我们真正想要什么样的自由?我们一方面要实现文化上备受推崇的个人时间主权——自由地制订自己的时间表,自己做选择,不让其他人打扰你宝贵的四千个星期。另一方面,这里还有一层深刻的含意,即愿意与"时间"一词的其他含义保持一致:自由地参与有价值的合作事业,这些事业需要你牺牲部分工作和时间的控制权。实现第一种自由的方法可以在各种关于生产力的书中找到:理想的早晨例行事务、严格的个人时间表、限制每天花多长时间回复电子邮件的策略,以及告诉你"学会说不"有多重要的说教——所有这些都是为了防止其他人影响你使用自己的时间。毫无疑问，这些方法都有用：我们确实需要设定严格的界限，不让欺压人的老板、剥削性的工作安排、自恋的伴侣和喜欢讨好别人的容易愧疚的性格影响我们的生活。

然而，正如朱迪斯·舒莱维茨所指出的那样，个人主义的自由会产生麻烦，我们这种被个人主义自由所支配的社会，会不断给自身强加一些东西，结果就会惊讶地发现，人们最终会失去同步性。我们彼此相同的时间段越来越少。在市场经济需求的推动下，个人主义精神风行，它已经压倒了组织时间的传统方式，这意味着我们休息、工作和社交的时间正变得越来越不协调。现在，我们比以往任何时候都更难找到时间在工作之余一起做点什么，比如吃一顿悠闲的家庭晚餐，随性地拜访朋友，或者参加集体活动——在小区花园里种花，玩业余摇滚乐队等。

对于底层的人而言，这种自由则变成了完全没有自由：它意味着不稳定的副业和"按需分配时间"。在这种情况下，雇用你的大型零售商超可能随时叫你去工作，它的劳动力需求是按照每小时的销售量计算的，所以你几乎没有时间照看孩子或者看医生，更不用说晚上出去和朋友玩了。但是，即使和前几代人相比，我们控制工作时间的能力大幅提升，结果工作仍然像水一样渗进生活当中，各个角落都填满了更多待办事项，这种现象在新冠肺炎疫情封城期间似乎有增无减。一个星期的时间里，我和妻子都很难找到一个小时坐下来好好聊天，我和最好的三个朋友也很难见面喝杯啤酒,并不是因为我们"没有时间",尽管我们可能会告诉自己原因就是这样。真正的原因是,我们有时间,但几乎找不到所有人都有空的时间。我们可以自由追求个性化的时间表,但与此同时,因为被工作束缚,我们已经构建起了无法相互融合的生活。

就像其他时间问题一样,同步性的丧失显然不能完全在个人或家庭层面得到解决(如果你想说服所有邻居每周都在同一天休假,那么祝你好运)。但我们每个人确实都可以决定是要配合个人时间主权精神,还是抵抗。你可以将你的生活向第二种自由,也就是公共自由的方向推进一点。首先,你可以加入业余合唱团或运动队,通过实际行动减少时间表中的灵活性,以换取团体归属感。你还可以把现实世界中各项活动的优先级排在虚拟世界之前。在虚拟世界,即使是集体活动也会让人产生怪异的孤独感。如果你像我一样,一旦涉及自己的时间就会变成生产力极客,也就是控制狂,那么你可以试着不严格控制时间表,看看会有什么感觉:偶尔让家庭生活、好友往来和集体行动优先于那些完美晨练计划或者一周时间安排。你会发现这样一个事实:完全为了自己而囤积时间其实并非最好的选择,你的时间可能已经"过分属于自己"了。

宇宙"渺小"疗法

荣格派心理治疗师詹姆斯·霍利斯回忆,他有一个病人是一家医疗器械公司的副总裁,事业颇为成功。有一次出差时,她坐飞机经过美国中西部地区,她正在看书,脑子里突然冒出这样的想法:"我讨厌我的生活。"她突然明白了多年来的焦虑情绪是怎么回事:她觉得自己现在的生活方式没有任何意义。工作的激情已经耗尽,追求的回报似乎毫无价值。现在的生活就是走走过场,希望付出的一切可以换得未来的幸福,但现在看来这样的希望也越来越渺茫。

也许你了解她的感受。不是每个人都有这种突然的顿悟,但许多人都有过这种想法:自己其实可以更好地过完四千个星期,做更丰富、更充实、更有趣的事情,即使我们目前用这四千个星期所做的事情在外界看来似乎更符合成功的定义。或许你熟悉这样的经历:周末时你身处大自然之中,或是与老友共度了美好的时光,你感到特别满意。当你再回到日常生活中,会突然意识到,生活中应该有更多这样的感受。这种难得而令人陶醉的时光应该经常出现，而不是罕见的特例。

开始怀疑自己用全部人生所做的事情有何意义，让人深感不安。但这其实不是一件坏事，因为这表明你的内心已经发生了转变。如果还没达到人生中的新高点，你不可能产生这种怀疑。站上这个新高点，你开始面对一个现实：并不是说在未来某个遥远的时刻，你终于将自己的生活安排好了，或者达到了成功的公认标准，人生就能获得满足。问题需要现在就解决。在出差途中意识到你讨厌自己的生活，就已经迈出了第一步，开始走向不讨厌的生活。因为你已经领悟了这样一个事实：如果你希望有限的生命能够有意义，现在就要花时间做有意义的事。从这个角度来看，你终于可以直面时间管理最根本的问题了：把人生仅有的时间花在你真正觉得有意义的事情上，究竟意味着什么？

⚙ 漫长的暂停

有时这种观念变化会一下子影响到整个社会。在新冠肺炎疫情期间，我在纽约市封城期间写下了这一章的初稿。当时，在悲痛和焦虑中，我们经常听到人们对正在经历的一切表达苦乐参半的感激之情：尽管被解雇，为房租失眠，但他们有更多时间陪伴孩子，重新发现种花和烤面包的乐趣，这也是真正的快乐。由于工作、上学以及社交活动被强制暂停，我们不得不搁置许多时间安排。例如，事实证明，许多人不需要通勤一小时去沉闷的办公室，或者仅仅为了显得勤奋而在办公桌前待到晚上6点半，也能很好地完成工作。我还发现，我平时习惯下单的大多数外卖和咖啡（都是以改善生活为由）其实都可以放弃，也没感觉有什么损失（这种想法是一把"双刃剑"，因为许多就业都依赖于这些消费）。人们会对紧急救援人员报以充满仪式感的掌声，会帮助困在家里的邻居跑杂货店，还有其他种种慷慨的行为，都表明人们对彼此的关心远比我们想象的要多。只是在疫情发生之前，我们没有那么多时间表达。

显然，疫情并没有向好的方向发展。但是病毒除了造成破坏之外，也让我们变得更好了，至少是暂时在某些方面让我们变得更好了：它帮助我们更清楚地认识到，封城前的日子里我们缺少很多东西，而且之前也一直在为此付出代价，不管是否出于自愿——例如，因为一直努力工作，我们没有时间与邻居相处。一位名叫胡里奥·文森特·甘布托的纽约作家兼导演就体会到了这种感觉，我称其为"可能性冲击"。这种领悟令人吃惊，只要我们的集体愿望之力足够强，事情就会大有不同。"这段痛苦的经历向我们展示的内容不容忽视。"甘布托写道，"洛杉矶没了汽车，却有了晴朗的天空，因为污染停止了。纽约变得安静，你可以在麦迪逊大道中央听到鸟儿的鸣叫。还有人在金门大桥上发现了土狼。如果我们能找到对地球减少致命影响的方法,这可能就是被印在明信片上的地球的样子。"当然,这场危机也揭露了医疗保健系统资金的匮乏、政客的腐败、严重的种族不平等,以及我们在经济方面长期的不安全感。与此同时,疫情也让我们明白什么是真正重要、真正需要关心的东西,并提醒我们,其实自己一直以来都知道它的存在。

甘布托警告说,当封城结束,企业和政府会用光彩夺目的新产品和新服务,打响转移人们注意力的文化战,联手让我们忘记这些可能性。而我们会急切地想要回归常态,因此也不得不顺从。不过我们仍然可以坚守这种陌生感,并对如何用好我们人生中的每分每秒做出新的选择:

已经发生的事情令人难以置信,无法言喻。这是历史给予我们的一份厚礼。我不是指死亡,不是指病毒,而是漫长的暂停。请不要因为窗外的亮光而退缩。我知道它刺痛了你的眼睛。我的眼睛也很痛,但窗帘被拉开了……美国人回归正常的日子即将来临……(但是)我恳求你们:深呼吸,不要理会震耳欲聋的噪声,好好想想你希望让什么回归自己的生活。现在是我们定义新常态的机会,这是一个难得的、真正神圣的机会(是的,非常神圣),我们可以借此机会去芜存菁,留下那些让生活更丰富,让孩子更快乐,让我们真正感到自豪的东西。

不过,讨论生活中"什么最重要"的危险之处在于,我们往往会给出一个非常夸张和宏大的答案。人们会觉得,你有责任在生活中做真正有意义的事情,比如辞去办公室的工作,成为一名援助人员,或者创办一家太空飞行公司。又或者,如果你没有能力摆出这么伟大的姿态,就会觉得自己过不上意义深刻的生活。对于新时代的人来说,宏大的信念意味着,我们每个人的人生目标都具有宇宙级别的意义,宇宙渴望我们去发现,然后去实现。这就是为何在阅读本书这段旅程的最后阶段,我需要先指出一条一针见血而出乎意料地解放人心的真理:你用你的人生做什么并不重要。你如何利用有限的时间,宇宙真的一点都不关心。

⚙ 适度有意义的人生

已故英国哲学家布莱恩·马吉喜欢提下面这件引人注意的事情。人类文明大约有六千年历史,我们通常会觉得这段时间漫长得惊人:在这漫长的时间里,一个个帝国兴衰更迭,不同历史时期被我们贴上"古典时代"或"中世纪"的标签,在"像冰川一般缓慢移动的时间里"相继接续。不过我们现在可以用另一种方式来考虑这段历史。即使当时的预期寿命比今天短得多,每一代人中也总有几个人可以活到一百岁(或5 200个星期)。每当一个可以活到百岁的人出生,当时肯定还有其他的百岁老人活着。我们可以想象,将这么多百岁老人的人生连成一串,可以一路穿越历史,中间没有任何间隙。只要历史记录得足够完整,他们中每一个人都真正活过,我们都可以叫得上他们的名字。

引人注意的部分来了:如果按照这个标准,埃及法老的黄金时代这个让大多数人感到不可能与今相提并论的时代,只不过发生在三十五个百岁人生之前。文艺复兴距今有七个百岁人生。就在仅仅五个百年人生以前,亨利八世坐上了英国王位。如马吉所说,跨越整个人类文明只需要六十个百岁人生,也就是"办一场酒会,挤在客厅里的朋友那么多"。从这个角度来看,人类历史并不是以冰川移动的速度缓缓展开,而是在眨眼间就呈现在面前了。当然了,由此可见,你自己的人生在这万物的计划中只是一个微不足道的小插曲:它是一个最微不足道的点,点的两端是广袤得令人难以理解的时间,向两边无限延伸到远方,那是整个宇宙的过去和未来。

认为这种想法非常可怕也是很自然的事。但从另一个角度看,这又是一种奇怪的安慰。你可以把它看作"宇宙'渺小'疗法":哪怕事情看上去再多,只要你将视角稍微拉远一点,就与空无一物没什么区别了,还有什么比这种观点更能给人安慰?困扰普通人生活的各种焦虑，比如情感关系的麻烦、地位竞争、金钱忧虑，都会立即变得无关紧要。引用我曾经评论过的一本书的标题：《宇宙对你不屑一顾》(*The Universe Doesn't Give a Flying Fuck About You*)。按照宇宙的时间尺度来看，自己实在过于微不足道——想到这一点，人们就会感觉自己放下了重担，一个大多数人正在背负却不自知的重担。

不过，这种解脱感值得进一步研究，因为它提醒人们这样一个事实：在大多数时间里，我们很多人确实把自己当成了宇宙的中心。若不是这样，当我们认识到事实并非如此时，就不会产生解脱的感觉了。这不是自大狂或病态的自恋者才有的表现，而是人类更为基本的习性：我们倾向于从自己的角度来判断一切。这也不难理解，因为这样一来，你碰巧活在世上的几千个星期在你看来刚好就是历史的关键时期，先前的全部历史都是为现在服务的。这些以自我为中心的判断就属于心理学家所说的"自我中心偏差"。从进化的角度来看，这也很有道理。如果你清醒地认识到，从宇宙的时间尺度来看，自己其实完全无关紧要，那你很可能失去为生存而奋斗的动力，无法将基因传递下去。

此外，你可能会认为，强调自己在历史上的重要性，带着这种不切实际的感受生活，会让人生感觉更有意义，因为自己的每一个行动好像都带着宇宙维度上的意义感，不论这么想有多么没道理。但实际情况是，高估自己存在的价值会让人产生不切实际的看法，不知道好好利用有限的时间究竟意味着什么，于是把标准定得过高。因为这就暗示着，为了"好好利用时间"，你的人生需要达成令人印象深刻的成就，应该对后人产生持久的影响，或者用哲学家伊多·兰道的话来说，至少它必须"超越凡俗"。这样的成就显然不能是普通的：毕竟，如果你相信自己的人生在万物的计划中占据重要意义，那你怎么能不觉得自己有义务做一些真正了不起的事情呢？

这就是那些决心"在宇宙中留下印迹"的硅谷大亨的心态，是政治家一心想要留下传奇人生的心态，也是一些小说家的心态。他们自认为作品必须达到列夫·托尔斯泰的高度，获得公众赞誉，否则就毫无价值。不过，这背后隐藏着另一群人的观点，他们消极地认为自己的人生最终会毫无意义，认为最好不要期望人生可以达到什么成就。他们真正的意思是，其实没什么人能够做到那些关于意义的标准。"我们不会因为一把椅子不能用来烧水泡茶就否定这把椅子。"兰道这样认为。椅子本来就不应该用来烧水，所以做不到也没有关系。同样，"对所有人来说，要求自己成为米开朗琪罗、莫扎特或爱因斯坦也毫无道理……毕竟在整个人类历史上，这样的人也只有数十个"。换言之，我们几乎可以肯定，你无法给宇宙留下任何印迹。事实上，如果标准定得够严，即使是首次讲出这句话的史蒂夫·乔布斯也没有给宇宙留下什么印迹。也许苹果手机比你我的成就更值得被人铭记，但从真正的宇宙视野来看，苹果手机很快也会被人遗忘，就像其他的一切一样。

难怪当别人提醒说你其实很渺小时，你会觉得如释重负。因为你意识到自己一直在给自己设定一些无法企及的标准。认识到这一点之后，你会感到平静和解脱，因为你不再为"值得的人生"这种不切实际的定义所累，你就可以自由判断，在有限的人生中，或许有些事情更值得做。有了这种自由后，或许你会意识到其实你已经做了许多有意义的事，只是你一直在下意识地贬低它们，认为它们不够"重要"。

从这个新的角度来看，为孩子准备营养丰富的饭菜可能也很重要，即使你并不会因此获得烹饪大奖；如果你的小说能让同时代的少数读者感动或快乐，那么这样的创作就是值得的，即使你不是托尔斯泰。如果能为他人服务，改善对方的生活，其实几乎任何职业都有价值。此外，这也意味着，如果经历了新冠肺炎疫情，我们学会更加体谅邻居的需求，哪怕仅此而已，那么我们也可以从这场"漫长的停顿"中学到一些有价值的东西，无论它能否对社会的根本性改变产生多大影响。

"宇宙'渺小'疗法"让我们知道，相较于万物的宏大计划，个人是多么无关紧要。不管程度如何，它希望我们接受这个事实（事后看来是不是很可笑？你曾经居然把自己想象得那么重要）。人生是一份伟大的馈赠，要摆正心态看待这几千个星期的时间，不需要下决心用它们"做了不起的事情"。事实上我们要做的恰恰相反：拒绝用抽象和过高的标准衡量生活。因为根据这些标准，生活永远不会让人满意。我们需要根据自身的实际条件度过这几千个星期，从宇宙意义那些不切实际的幻想回到真实的人生体验。那些具体且有限的人生体验，其实已经足够令人惊叹。

人类的疾病

我在第一章中提过时间管理大师布莱恩·崔西的书，许多与时间有关的问题背后都隐藏着一个妄想，用这个书名可以精准概括：《掌控生活，从掌控时间开始》(*Master Your Time, Master Your Life*)。时间之所以让人感觉如此棘手，是因为我们一直试图掌控它——努力把自己抬高到掌控人生的位置，为了最终获得安全感，让生活不再那么容易受到各种事件影响。

有些人总想变得极其高效、成果丰富，觉得这样一来就不会让他人失望，自己也就不必为此内疚，也不必担心因为表现不佳而被解雇，或者自己尚未实现最大梦想就与世长辞。还有一些人从一开始就拒绝承担重要项目，或是不与人建立亲密关系，因为他们不确定这些事情会不会进展顺利。全身心投入其中会带来焦虑感，这让他们无法忍受。我们浪费时间批评交通拥堵，批评费时学步的孩童，因为这些情况直截了当地提醒我们，自己对日程安排非常缺乏控制力。我们妄想掌控时间，希望离世之时我们能在宇宙万物的计划中占据重要位置,而不是被不断前进的岁月瞬间湮没。

我们希望有一天能在与时间的较量中占上风,虽然这是痴心妄想,但也不是不能理解,因为败给时间会让人非常不安。然而不幸的是,失败才是真实的,这场斗争注定要失败。因为你的时间非常有限,你永远都无法掌控时间,无法处理完每一个抛过来的要求,或是追求每一个重要的梦想。你不得不艰难地做出选择。因为你真实拥有的时间非常有限,你无法预料会发生多少事情,甚至不能准确预测会发生什么,所以你永远无法胸有成竹地掌控事情的进展。任何情况都可能发生,你无暇准备。

◎ 临时的人生

这一切背后隐藏着更深的真相,可以在海德格尔充满神秘感的建议中看到:我们根本无法得到或拥有时间。相反,我们就是时间。在与人生每个时刻的较量中,我们永远不会占上风,因为我们就是这些时刻。要"掌握"这些时刻,首先需要跳出去,从这些时刻中分离出来。但我们能去哪里呢?豪尔赫·路易斯·博尔赫斯写道:"我由时间构成,时间是一条将我席卷而去的河流,而我就是那条河流;时间是一头将我摧毁的老虎,而我就是那只老虎；时间是一把吞噬我的火焰，而我就是那把火焰。"如果你自己就是河流，你就没有必要拼命爬上安全的河岸了。因此，不安和脆弱便成了你的默认状态，因为在你不可避免地存在于这个世界的每一刻，任何事情都可能发生，紧急邮件可以破坏整个上午的计划，丧亲之痛可以让你的整个世界崩塌。

如果你专注于将人生用来实现时间上的安全感，而这种安全感又无法实现，这样的人生就像一种暂时的状态，就好像你已经出生，但人生的意义还在未来，在不远处的地平线上。只要你得到它，生活的全部内容就可以开始，用阿诺德·贝内特的话来说就是可以开始"进入正常的工作状态"。你告诉自己，终有一天你可以控制时间，能够放松一点，发现生活真正的意义。但是在此之前，你需要清理障碍，安排好个人生活，拿到学位，花足够多的时间来打磨手艺，或是找到灵魂伴侣，有了孩子，然后等孩子离开家，又或是等到革命来临，等到社会正义建立起来。在那之前，生活必然就像一场斗争：有时激动人心，有时疲惫不堪，但总在为未来的某个时刻服务。1970年，瑞士心理学家兼童话学者玛丽-路易丝·弗兰丝在一篇文章中描述了这种超然存在的氛围：

有的人有一种奇怪的看法和感觉，仿佛他们还没有进入现实生活。眼下他们非常忙碌，但无论是女人（的一段关系）还是工作，都不是他们真正想要的。他们总是幻想在未来的某个时候，真正想

要的东西会出现……抱有这种想法的人自始至终都害怕被其他东西束缚。这种人特别害怕被确定的人生束缚，害怕全然进入空间和时间，害怕成为那个独一无二的人。

"全然进入空间和时间"——甚至只是部分进入（这也许是人可以达到的最佳状态）——就意味着承认失败。这意味着你的幻想破灭。你必须接受自己总有太多的事情要做，总有艰难的抉择无法逃避，世界无法以你喜欢的速度运行。你必须接受自己做好了一切准备，也无法保证事情能够进展顺利，能够走向美好的结局，尤其是在与他人建立亲密关系这方面。你还必须接受，从宇宙的角度来看，当生命走向终点之时，这些都不会有太大意义。

要接受这一切需要做到什么？你得真实地存在于这里。你需要真正地把握自己的人生。从现在开始，你就得知道哪些事对你来说真正重要，然后将有限的时间集中在这少数几件事上。也许我需要说明一下，这种观念并没有否定那些需要长期努力的工作，比如婚姻、育儿、成立组织等，也没有反对努力解决气候危机。这些都是非常重要的事情。不过需要指出的是，即使是这些事情，其重要性也只能体现在当下，体现在相关工作的每个时刻，不论世人是否已经将其定义为重要成就。因为当下才是你所能拥有的一切。

你也许可以想象，结束这场与时间的搏斗，或者至少放松一会儿，可能同样可以让人感到快乐。但我不认为现实真的如此。我们有限的人生里充满了各种各样关于有限性的问题，这些问题令人感到痛苦，从爆满的收件箱到死亡，不一而足。即使直面这些问题，困难依然存在。我们这里所说的平静是一种更高级的境界，它让我们认识到，无法摆脱有限性这件事本身并不是问题。接受了痛苦不可避免的事实，自由就会随之而来：你终于可以继续过你的生活了。我在布鲁克林公园的长椅上领悟到这一点，法国诗人克里斯蒂安·博宾也有同样的领悟。他回忆起自己也曾处于类似的平常时刻："我正削着从庭院里摘来的苹果，突然间就明白了，生活带给我的只是一系列无法解决的问题。有了这种想法后，我的心里便涌入了一片无比平静的海洋。"

◎ 五个提问

为了让分析更加具体，你可以就自己的情况回答以下问题，这样或许会有些帮助。没法立刻回答也不要紧，借用诗人莱纳·玛利亚·里尔克的名言，重要的是"活在问题里"。即使只是真诚地提出这些问题，你就已经开始认识自己的现实情况，开始充分利用有限的时间了。

1. 在生活和工作中的哪些方面，你目前追求的是舒适，而实际需要的却是一点点不适？

追求人生中对你而言最重要的事情，总会让你觉得无法完全控制时间，无法承受现实带来的痛苦攻击，也无法对未来充满信心。当你开始一份最终可能会失败的事业，真正的失败在于，事后你才会知道自己缺乏足够的天赋。你冒着尴尬的风险，与其他人艰难地对话，经历失望，终于建立起深厚的交情，而一旦这些你关心的人身上发生了糟糕的事，你一定会更加痛苦。所以在日常生活中，我们往往会把避免焦虑当作重中之重。拖延、分心、承诺恐惧症、清除障碍，同时承担过多的工作，所有这些状态都在试图维持着掌控一切的假象。不由自主的担心也是一样，这种担心让你低落，但又会给你带来一点欣慰的感觉，让你感觉自己为了保持控制感，正在做有益的事情。

詹姆斯·霍利斯建议，对生活中每一项重要决定，你都要自我审视："这个选择是会削弱我，还是会让我变强大？"这样问过自己，你就不会为了减轻焦虑而仓促做出决定，了解自己真正想把时间用于何处。比如说你正在犹豫是否要离职或分手，还是应该加倍付出，这时问问怎样做会让自己最开心，或许会让你做出最舒服的选择，不然你就会一直犹豫不决，失去决断力。但通常情况下，凭直觉你就可以知道，保持当前状况所面临的挑战，能帮助你成长，还是会削弱你的灵魂（萎缩）。你应该尽量选择让自己成长，即使这个过程会让你很难受，也不要放任自己变弱。

2. 你是否在用无法达到的标准来要求自己，评判自己？

我们幻想着有一天能完全掌控时间，一个常见症状是为自己设定根本不可能达成的目标。由于目标永远不可能按时达成，也就必须不断推迟到未来。实际上，我们也不可能变得这般高效和有条不紊，可以回应无限多的需求。通常情况下，你也不可能有"足够多的时间"可以花在工作和孩子身上，或者用于社交和旅行。不过，相信自己正在构建这样的生活，这样的生活随时可能实现，可以给自己带来欺骗性的安心感。

如果你现在清醒地认识到救赎永远都不会到来，你为自己设定的标准其实永远都无法实现，你永远无法像自己希望的那样，为所有想做的事情腾出时间，那你会怎样对待自己的时间呢？也许你会反驳说你的情况很特殊，为了避免更大的麻烦，你确实需要在有限的时间内完成艰巨的任务。比如你担心如果自己不能坚持完成那堆不可能完成的工作，就可能被解雇，然后失去收入。但这是一种误解。如果你要求自己达到的业绩水平确实超出了自己的能力，那最终就是做不到，即使大麻烦迫在眉睫——此时面对现实才会带来帮助。

伊多·兰道指出，用没人能达到的标准要求自己多少有些残酷（许多人根本不会这样要求别人）。更为人道的方法是放弃不切实际的努力，让那些不可能达到的标准轰然倒地，然后从一堆碎石中挑出几个有意义的任务，从今天开始行动起来，去实现它们。

3. 你在哪些方面还没有接受下面这个事实：你就是你本来的样子，无法成为想象中的那个自己？

直面有限性会得到这样一个事实：事情只能如此。这样一来，你也会产生焦虑感。但是拖延不去直面有限性，就是将你当下的人生视为漫长旅途的一小段，你相信等旅途到达终点，自己应该可以成为这种人：符合社会的要求，符合父母的要求，无论他们是否还健在。你告诉自己，一旦赢得了生存的权利，生活就不会如此不确定，如此不受控制了。在环境危机中，这种心态往往表现为一种信念：除了迎头直上、马不停蹄地解决紧急问题，没有其他事情真正值得你花时间去做，而且你认为把时间花在其他方面是有罪且自私的。

为了迎合某些外部权威而努力证明自己的存在价值，这种行为或许会一直持续到成年以后。但是心理治疗师斯蒂芬·科普写道："到了一定的年龄，我们觉得非常惊讶，但也终于明白，没有人真正在意我们如何对待自己的人生。有些人一直都在过着别人的人生，回避着自己的生活，这样的发现肯定令他们非常不安：除了自己，没有人真的在意。"事实证明，试图通过证明自己的存在而获得安全感，这样的努力一直以来都非常徒劳，没有必要。

说它徒劳，是因为生活总会让人感觉不确定，不受自己控制。说它没必要，是因为等待他人或其他事情的认可之后才开始生活是没有意义的。平静的心境和令人振奋的自由感并非来自别人的认可，而是源于接受现实。即使你得到了别人的认可，它也不会带来安全感。

不管怎样，我相信在任何情况下，只有秉持这种立场，不觉得你需要争取活在这个星球上的时间，你才能花时间做真正对的事情。一旦你不再感觉有令人窒息的压力，不再觉得自己必须成为某种特定类型的人，你就能在此时此地直视自己的个性、长处和短处，直视自己拥有的天分和热忱，接受它们的指引。对这个危机重重的世界来说，或许你的使命与贡献不是花时间追求行动力，或者寻求选举职位，而是照顾年迈的亲人、创作音乐，或是当一名糕点师傅，就像我的姐夫那样。他是一个魁梧的南非人，别人经常误以为他是橄榄球运动员，但他真正的工作是用拔丝糖和黄油糖霜做出复杂的造型，在品尝者的味蕾与心头引爆小小的喜悦。佛教老师苏珊·皮弗指出，对很多人来说，问他们平时喜欢如何利用时间或许是一件令人坐立难安的事，让人感觉太过激进。但至少我们不应完全排斥这种做法，因为答案也许就会告诉你，怎样使用时间才是最佳选择。

4. 在生活的哪些方面，你在有十成把握之前都不敢放手一搏？

人们很容易花上许多年的时间将自己的人生当作彩排，将眼前的工作理解为获取技能和经验的途径，以便让自己在未来能够对事情拥有绝对的控制力。但有时我认为，我成年以来的经历都证明了这样的事实：在所有地方，各行各业，每个人其实都是在即兴发挥，情况一直如此。在成长过程中，我曾以为早餐桌上的报纸一定是由那些真正知道自己在做什么的人汇编而成，直到我进入报社工作。不知不觉中，我把这种假设转移到了别处，包括政府的工作人员。但后来，我认识了几个这样的人，几杯酒下肚后，他们承认自己的工作就是在一个又一个危机中艰难前行，在前往新闻发布会的路上，在汽车后座制定听起来很合理的政策。即使在那时，我还琢磨着，也许这是因为英国人就是这样，有时明明很平庸无能，却表现出反常的骄傲。不过再后来，我搬到了美国——事实证明，在美国，每个人也都在临场发挥。

在工作、婚姻、育儿以及其他事情上，你可能永远都不会真正知道自己在做什么。这听起来不可思议，但也意味着解脱，因为你对自己目前在这些领域的表现感到不自在或放不开，这一点实际上根本就没有理由：如果这种全然掌控的感觉永远都不会到来，那你最好别等了，现在就投入行动——将大胆的计划付诸实践，别再小心翼翼。你要深思并领悟到其实大家都跟你一样，这种想法更容易让人放下包袱，无论其他人是否意识到了这一点。

5. 如果你不是那么在乎自己的行动能否取得成果，你会选择用其他方式生活吗？

我们渴望掌控时间，还有一种常见的表现，它源自第八章中描述的"因果灾难"：我们花费的时间是否值得，始终并且只能从结果来判断。从这一观点出发，你自然应该把时间集中在那些希望看到结果的活动上。但在纪录片《一生的工作》（*A Life's Work*）中，导演大卫·利卡塔（David Licata）记录了那些不走寻常路的人，他们将一生奉献给那些肯定无法在有生之年完成的项目。例如一对父子组队，尝试给世界上仅存的原始森林中的每棵树编目，以及天文学家坚持在加州SETI研究所[①]的办公桌前通过无线电波搜寻地外生命迹象。这些人都有一双闪亮的眼睛，他们知道自己做的事情很重要，而且对工作乐此不疲，理由恰恰就是他们并不寄希望于自己的贡献可以在有生之年被证明非常关键，或者最终取得成果。

然而，在某种意义上，所有的工作，包括养育子女、建设社区和其他一切，都无法在有生之年完成。这些工作都属于一个更大的时间背景，其最终价值只有在我们离开很久以后才能被衡量

---

① SETI即"地外智慧生物搜寻"（Search for Extraterrestrial Intelligence）。——译者注

（也可能永远无法衡量，因为时间是无限延伸的）。因此，值得一问的是：如果你能接受自己的付出永远都看不到结果，你今天会采取什么样的行动？你会做出何种慷慨之举表达对世界的关爱？列出什么雄心勃勃的计划或对遥远未来的投资？怎样做才有意义？我们都如同为大教堂添砖加瓦的中世纪石匠，知道自己永远无法看到大教堂完工。尽管如此，大教堂仍然值得建造。

◎ 接下来最有必要的事

  1933年12月15日，卡尔·荣格给落款为V夫人的来信者写了一封回信，就良好生活的话题回答了几个问题。他的回答提供了很好的答案，很适合作为本书的结语。"亲爱的V夫人，"荣格在信件开头写道，"你的问题是无法得到回答的，因为你想知道如何生活。每个人都有自己的生活。没有唯一且明确的方法……"相比之下，个人的路"是你为自己铺的路，它从来都没有什么规定，你事先也不知道。你一步步前行，路就会自然出现在脚下"。他唯一的建议是"安静地做接下来最有必要的事。只要你还不知道它是什么，就还是会将大把的钱花在无用的投机上。但如果你已经怀着信念做接下来最有必要的事，那么你就总是在做有意义的事，那些被命运指引的事"。这一洞见的修订版就是"做接下来正确的事",它后来成了匿名戒酒会成员喜欢的口号,这种方法让他们在严重的危急时刻保持理智。但实际上,"接下来最有必要的事"就是我们任何人、在任何时候渴望做的全部事情。即使我们无法以客观的方式确定正确的行动方案是什么,我们也必须这么做。

幸运的是,正因为这是你能做的全部事情,它也就成了你必须做的事。如果你能以这种方式面对时间的真相,如果你能更充分地接受有限的人生,那你手中一开始就有的那些牌(生产力、成就、服务、满足感)就会发挥它们原本可以达到的最高水平。回过头来你会发现,这渐渐成形的人生将会符合"充分利用时间"的唯一衡量标准:它衡量的不是你帮助了多少人,完成了多少工作,而是在你所处的历史当中的特定时刻,在你有限的时间和才能的限制下,你确实能够行动起来,让其他人的人生变得更加光明。无论是完成伟大的任务还是不寻常的小事,你都在履行来到这个世界的使命。

后记：超越希望

在这样一个时代，为什么要关注时间管理呢？这似乎是极其无关紧要的事。但正如我想要阐明的那样，我认为人们抱有这种看法的主要原因是，大多数传统时间管理建议的目光太过狭隘。只要将视野放宽一点，就会发现在现在这个充满焦虑和黑暗的时期，时间使用问题具有新的紧迫性：我们能否成功应对挑战，完全取决于我们如何利用一天当中的可用时间。"时间管理"这个词似乎使得这整件事显得相当平凡。但是在这个非常时刻正在展开的平凡生活，就是我们所能处理的一切。

人这一辈子太短了，短到荒唐，短到可怕，短到没礼貌。但这并不是你一直绝望的理由，也不是活在焦虑和恐慌中，殚精竭虑地过完有限的时间的理由。这是一个解脱的理由。你得以放弃不可能做到的事，比如成为那个最优秀的、神通广大的、百折不屈的、完全独立的人。这样一来，你就可以卷起袖子，开始为那些更有可能实现的事情努力了。

附录：帮你接纳人生有限性的十个工具

我在本书提出，应该接纳这个事实：你的时间有限，而且对时间的控制力也很有限。拥抱有限性并不仅仅因为这是你不得不面对的事实，而是因为这么做可以为你积极赋能。全面接受这个现实，了解它本来的样子，你就可以完成很多更重要的事情，让生活更加充实。除了书中已经给出的建议，我在此再列出十个技巧，帮助大家在日常生活中更好地接纳时间的有限性。

1. 划定边界：采用"定量"的生产力策略

许多工作建议都隐含着这样的承诺：它可以帮你完成所有重要的事情。但这根本不可能，而且为此奋力挣扎只会让你更忙（见第二章）。更好的办法是首先就假设艰难的选择是不可避免的，然后集中精力做好选择。限制手头的工作数量这样的策略肯定有用，但最简单的办法是保留两个待办清单，一个采用"开放式"，另一个采用"封闭式"。在开放式清单中列出你手头的所有事情，它肯定会非常长，长到让人感觉可怕。幸运的是，你并不需要处理这个待办清单，你要做的是将开放式清单中的任务放进有数量限制的封闭式清单中（最多十个）。你需要遵守一条规则：只有完成一项任务，才能往里面添加新的任务（或许你还需要第三个清单，列出需要等待别人给你答复的"搁置"任务）。你永远无法将开放式清单上的所有任务全部完成——不管怎样，你本来也不可能全部完成。这么一来，你至少可以完成不少真正重视的工作。

还有一条补充策略：为日常工作设定明确的时间段。在情况允许的范围内，事先确定你打算用多少时间来工作。比如说，你可以决定上午8:30之前开始工作，下午5:30之前结束，然后根据这个预先确定的时间段来安排所有的工作。卡尔·纽波特在他的《深度工作》（*Deep Work*）一书中探讨了这个方法："你可以任意划定时间段，完成那些富有成效的工作。"但是，如果你已经确定要在5:30之前结束工作，就会意识到时间有限，需要合理使用。

2. 专注一事：在完成一项工作前有意推迟其他工作

同样的道理，你需要一次只专注于一个大项目（最多在一个工作项目之外，加上一个非工作项目），完成之后才能进行下一个项目。或许你觉得自己有太多责任和抱负，为了缓解焦虑，需要一下子开始所有的工作，但这样做其实不会有进展。相反，你应该有意识地推迟工作，只保留一件，训练自己对焦虑的忍受程度。很快，完成重要工作带来的满足感会化解这种焦虑，而且无论如何，你会完成越来越多的工作，需要焦虑的事情会越来越少。当然，你不可能推迟所有的工作：不可能不付账、不回复邮件、不送孩子上学，但这种方法可以确保你在处理有限几项工作的时候不会耽误真正重要的工作，而不是仅仅为了平息焦虑而埋头苦干。

3. 要事优先：提前决定放弃哪件工作

你永远有短板，这不可避免，因为人的时间和精力是有限的。但是，策略性的表现不佳（提前计划好哪些方面你不需要做得很好），最大的好处就是你可以集中使用有限的时间和精力。而且，如果你原本就没想到某件事能成功，那么真的失败的时候你也不会感到沮丧。"当你无法兼顾所有的工作，就会感到羞愧，选择放弃"，作者乔恩·阿卡夫指出，但当你"事先已经想好哪些事情可以失败……羞愧的刺痛感就消失了"。如果你已经想好不在"养护草坪"和"清洁厨房"上投入精力，那么杂乱的草坪和厨房就不那么令人烦恼了。

就像工作需要序列化一样,如果你要谋生、保持健康、成为不错的伴侣和家长,就会有很多事情不能"失败"。但是,即使是这些重要的领域,也有暂时失败的余地:例如,接下来的两个月你想把主要精力放在孩子身上,那你的目标就是最低限度地完成工作;如果你想投身于选举拉票,那健身目标就要暂时搁置。等完成这些事情之后,再将精力转移到之前忽视的事情上。这种生活方式就是用有意识的不平衡来取代"工作与生活的平衡",减少压力。以信心为后盾,相信自己,虽然现在一时表现不佳,但很快高光时刻就会到来。

4. 注重完成:关注已经完成的事,而不是只关注尚未完成的事

真要说的话,完成所有工作的追求可谓永无止境,因此你很容易就会绝望且自怨自艾:在所有工作完成之前,你无法自我感觉良好,但工作永远都有,这意味着你永远无法让心态变好。这个问题的一部分原因在于你有一种无益的假设,以"生产力负债"的心态开始自己的每一天。这个假设让你觉得必须努力工作偿还债务,希望到了晚上债务可以清零。你需要采取相反的策略,坚

持列出"已办清单",清单的第一项就是早上完成的第一件事,然后在一天当中一件一件地完成事情,把它们全都填进这份清单。每条记录都是一次振奋人心的提醒:毕竟你本来可以在一天里什么工作都不做,但是看啊,你却完成了这么多!(如果你有严重的心理问题,可以降低完成的标准,别人不需要知道你把"刷牙"和"煮咖啡"列入了清单。)当然,这个方法并不只是单纯的安慰,很多证据表明"微小的胜利"也具有激励人心的力量。因此,以这种方式来纪念小成就,你就有可能取得更多的成就,随之取得更大的成绩。

5. 聚焦关心:把有限的注意力集中起来

　　社交媒体是一台巨大的机器,它会让你将时间花在错误的事情上,也会让你关心过多,虽然这些事情毫无疑问都有其价值。眼下我们接触有关暴行和不公正事件的各类新闻报道——每条新闻你都有理由花时间关心,有的还要求慈善捐款,但这些暴行和不公正事件汇集在一起,任何一个人都无法有效解决。为了有所作为,必须将有限的关心集中起来。

6. 拥抱乏味：选择枯燥且用途单一的技术

数码产品如此诱人，因为它似乎提供了让你跳出当下的机会。在那里，令你痛苦的有限性不复存在，你永远不需要因为行动自由而感到无聊或紧张。但是，当你在做重要工作的时候就是另一回事了。要抵制这个诱惑，你可以将设备变得尽量枯燥——首先，删掉社交媒体应用程序，如果你愿意，甚至可以删掉电子邮件，然后将屏幕从彩色模式切换到黑白模式。"转为黑白模式后，我并不会一下子变成另一个人，但感觉自己可以更好地控制手机了。它现在看起来像是工具，而不是玩具。"科技记者内利·鲍尔斯在《纽约时报》上写道。同时，尽可能选择只有一种用途的设备，如Kindle阅读器，除了阅读，用它做任何其他事情都显得乏味且笨拙。如果只需一次点击或滑屏就能看到音乐和社交媒体，那么当你想要专注的事情出现一点点枯燥无味的迹象，或是开始显得有点困难，这些分心之物必定会让你无法抗拒。

7. 寻找新意：更深入地体验日常生活

时间似乎随着我们年龄的增长而加快了流逝的速度，所以剩下的时间越少，失去它们的速度似乎就越快。事实证明这种现象存在缓解甚至改变的途径。这一现象最恰当的解释似乎是,我们的大脑识别和处理岁月的流逝时,依据的是我们在固定时间内处理了多少信息。童年有大量新奇体验,所以在记忆里显得永恒。但随着年龄的增长,生活逐渐变得常规化——我们始终生活在那么几个地方,待在不变的人际圈子里,工作也没什么变化,于是新奇感逐渐减少。"随着时间一年年过去……体验变成了例行公事。"威廉·詹姆斯写道,很快,"每一天和每一个星期在回忆中渐渐淡化成无内容的单位,而岁月则变得空洞,进而坍塌。"

对抗这一现象的常规建议是用各种新奇的经历填满生活。这确实有效,但它很可能导致另一个问题,也就是"存在的应接不暇"。此外,它也不切实际:只要你有工作,有孩子,生活中的许多事情必然会常态化,异国旅行的机会非常有限。杨增善解释说,还有一种方法是更加关注每个时刻,无论它有多么平凡:寻找新奇感不是去做完全不同的事情,而是更深入地投入现有的生活中,以双倍的强度来体验日常生活,"你的人生体验会更加充实,达到目前的两倍"。这样一来,人生中任何一段时间在记忆里也都会变成两倍。冥想有助于实现这一点,不过随性散步也是一种办法。你可以不做规划随便走,然后看看自己会走到哪里。还可以选不同路线上班,学习摄影和观鸟,画画风景,写写日记,与小孩子玩"我是间谍"的游戏。只要这件事能帮你将注意力全然投入当下,就会有帮助。

附录:帮你接纳人生有限性的十个工具

8. 保持好奇：做人际关系的"研究员"

我们希望将时间完全控制在自己手中，这种控制欲会为人际关系带来许多问题，除了显而易见的"控制"行为，还有不愿承诺、无法倾听、感觉无聊等想法，还会因为自己希望能对时间有更多自主权而错过充实的集体体验（见第十二章）。学前教育专家汤姆·霍布森指出，有一个方法可以让你稍稍放松。据他所说，这个方法并不只适用于和小孩子互动：当一个具有挑战性的或者无聊的时刻摆在你面前，可以试着故意采取好奇的态度，你的目标不是实现某种结果或者解释你的立场，而是如霍布森所说，"弄清楚和我们在一起的是谁"。我们与他人共处的生活具有内在的不可预测性，而好奇心在这个时候就很有用了，因为不论你喜不喜欢别人的行事方式，好奇心都能得到满足——反之，如果你一定要求得到结果，一旦事情没有按照你喜欢的方式发展，你就会感到沮丧。

事实上，你可以尝试以这种态度对待每一件事，就像励志作家苏珊·杰弗斯在《拥抱不确定性》（*Embracing Uncertainty*）一书中建议的那样。不知道接下来会发生什么——谈到未来，你一直如此——它提供了一个理想的机会，让你可以选择好奇（想知道接下来会发生什么），而不是选择担心（希望接下来可以发生某件事，然后担心不发生的话该怎么办）。

9. 即时慷慨：立刻释放你的善意

这个方法由冥想老师约瑟夫·戈尔兹坦提出（并实践），我也正在尝试掌握：当心中出现慷慨的冲动，例如想参与捐款、关心朋友、发邮件赞扬某人的工作，那就立即采取行动，不要拖着。我们没有将这种慷慨的冲动付诸实践，很少是出于恶意，也不是因为我们觉得对方配不上这份慷慨，更常见的原因是我们想努力控制自己的时间。我们告诉自己，当紧急工作结束以后，或者等到有足够空闲的时间可以真正做好这些事情的时候，我们就会去做；或者觉得捐钱之前应该先花一点时间，研究一下谁才是这个善举的最佳接受者等。但是善举只有在你真正做出之后才有意义。虽然对同事来说，优美得体的赞辞比临场发挥的表扬更受用，但即使是临场发挥，也比永远都不发出这条称赞的信息要好，而这往往是拖到最后最可能发生的情况。想做到这一点，一开始肯定需要付出努力。但正如戈尔兹坦观察到的那样，一旦这样做了，你立马就能得到回报，因为慷慨的行动肯定会让你感到更加快乐。

10. 静默无为：练习什么都不做

"我发现，人所有的不快乐都源于一个事实，就是他不能安静地待在自己的房间里。"布莱士·帕斯卡写道。想要充分利用四千个星期,一个不可或缺的能力就是什么事情都不做。因为如果你无法忍受不采取行动带来的焦虑,就会为了满足自己的冲动而立刻行动,反而更可能错误地安排自己的时间,比如费尽心力地赶着做那些不需要立即完成的工作(见第十章),或者为了达成未来的目标而让自己时时刻刻都有充足的生产力,却把满足感推迟到永远都不会到来的未来(见第八章)。

严格来讲,什么都不做是根本不可能的:只要你还活着,就一直在呼吸,身体也会保持某些姿势,等等。因此,训练自己"什么都不做"指的是训练自己抵制冲动,不去控制周围的人和事,让事情呈现其原本的样子。杨增善教大家做的"无为"冥想,其实很简单:设置一个计时器,一开始可能只有5到10分钟,坐在椅子上,然后不做任何事情。每当你注意到自己在做某件事,包括思考,包括自己的呼吸,以及其他事情,就试着停止(如果你意识到自己正因为将注意力放在某件事情上而批评自己,其实也是在起心动念,同样需要停止)。继续无为,直到计时器响起。"没有什么比无为更难做到了。"作家兼艺术家珍妮·奥德尔如此说。但是,如果能将无为做好,你就可以重新获得自主权——你会冷静下来,不再逃避此时此刻的现实感受,用你被赐予的短暂人生做出更好的选择。

致谢

写这本书花了它该花的时间。对每一位允许我这么做的人，以及提出许多宝贵细节的人，我感激不尽。也有朋友觉得，指出一本讲时间有限性的书竟然要占用这么多的时间会很好笑，我也在此原谅你们（最开始这么做确实有些意思……）。

如果没有蒂娜·贝内特这位杰出的经纪人，本项目很难有进展。感谢她的专业指导和鼎力支持，以及对本书提供的许多深刻的见解。我还非常有幸能够与WME公司的特蕾西·费舍尔以及她在伦敦的同事玛蒂尔达·福布斯·沃特森一起工作。我还要感谢FSG公司的众多员工，特别是我的编辑埃里克·钦斯基，他（除了表现出极大的耐心，还）对文本做出了大量改进，鼓励我更清晰地表达自己的想法；还有朱莉娅·林戈，感谢她以如此专业的方式处理了复杂的后期编辑工作。还要感谢洛特晨·席维斯和她在宣传部门的同事，以及朱迪·基维亚特、莫林·克里耶、克里斯汀·佩克和克里斯·彼得森。来自The Bodley Head出版社的斯图尔特·威廉姆斯在本书的编辑方面提供了不可或缺的意见。在学校和办公室因新冠肺炎疫情纷纷关闭的时候，很多人为本书付出了如此多的时间和关注，这让我倍加感激。

我先前在不同场合曾与众多才华出众的人共同探讨本书中讨论的许多话题，包括就职于《卫报》的梅丽莎·丹尼斯、保罗·莱蒂、露丝·卢伊、乔纳森·谢宁、大卫·沃尔夫，就职于《新哲学家》(New Philosopher)的赞·博格，以及就职于BBC的彼得·麦克马努斯。我与里拉·赛斯尔、琼·克若普、罗宾·帕米特、瑞秋·谢尔曼进行了对话，这些想法对这本书来说至关重要。在研究过程中，以下人士也慷慨地贡献了他们的智慧：杰西卡·阿贝尔、吉姆·本森、斯蒂芬妮·布朗、卡尔·塞德斯特伦、詹姆斯·霍利斯、德里克·詹森、罗伯特·莱文（已故）、杰夫·莱、安蒂娜·冯·施尼茨勒、玛丽亚·马丁农·托雷斯、詹妮弗·罗伯茨、迈克尔·塔夫特、丽贝卡·拉格·赛克斯、杨增善。阿什利·塔特尔提供了一个绝佳场所，让我在这样的关键时刻能够继续工作。此外，我也很幸运我能再次在布鲁克林创意联盟（Brooklyn Creative League）写下本书的大部分内容，尼尔·卡尔森和艾琳·卡尼在那里建立了一个温暖的社区。我还与肯尼斯·福克和马克森·麦克道尔成了朋友，和他们的沟通也让我受益匪浅。

在这本书的写作过程中，我跨越了一个时间点：现在我认识艾玛·布洛克斯的时间已经超过了不认识她的时间。我很高兴。我俩的孩子现在成了朋友，这也令人高兴。我和她聊了很多，她用了很多隐喻，这些都成了本书的想法。我还要深深感谢我的父母史蒂文·伯克曼和简·吉宾斯；我在约克郡的朋友；我的姐姐汉娜；奥尔顿、莱拉、伊桑；杰里米、朱莉娅、玛丽、梅罗普·米尔斯；琼·卓别林；以及克劳福德-蒙坦一家。

要恰当地描述希瑟·卓别林在我生命中的作用，几句话远远不够。但无论如何，我还是想在这里表达感谢。她给予我的爱，她的陪伴与扶持、幽默与正直，以及为本书做出的许多牺牲，对此我的感激之情无以言表。我们的儿子罗文在本书开始创作不久便出生了。如果说这件事帮忙加速了本书完成，那肯定是假话（但就让我们这样说吧），不过这种逐渐了解儿子的体验也让我的感受发生了转变，这肯定会反映在本书中。我要对你们俩献上无限的爱。

在第七章中，我提到了亲爱的祖母艾丽卡·伯克曼小时候离开纳粹德国的事。她于2019年去世，享年九十六岁。倘若她还在世，我不知道她是否会读这本书，但她一定会告诉每一个遇到的人，我写了这本书。

图书在版编目(CIP)数据

四千周 / (英) 奥利弗·伯克曼著；戴胜蓝译 . -- 贵阳：贵州人民出版社，2022.9（2024.12 重印）
ISBN 978-7-221-17267-9

I. ①四… II. ①奥… ②戴… III. ①心理学—通俗读物 IV. ①B84-49

中国版本图书馆 CIP 数据核字 (2022) 第 160894 号

Four Thousand Weeks: Time Management for Mortals

by Oliver Burkeman

Copyright © 2021 by Oliver Burkeman
All rights throughout the world are reserved to Proprietor
Simplified Chinese edition copyright ©2022 United Sky (Beijing) New Media Co., Ltd.

著作权合同登记号 图字：22-2022-087 号

SIQIANZHOU
四千周

[英] 奥利弗·伯克曼 / 著
戴胜蓝 / 译

出 版 人	朱文迅
责任编辑	杨 礼
特约编辑	张启蒙 杨子兮
封面设计	王左左 代 静
责任印制	赵路江

出 版	贵州出版集团 贵州人民出版社
地 址	贵州省贵阳市观山湖区会展东路 SOHO 公寓 A 座
发 行	未读（天津）文化传媒有限公司
印 刷	天津联城印刷有限公司
版 次	2022 年 9 月第 1 版
印 次	2024 年 12 月第 7 次印刷
开 本	880 毫米 ×1230 毫米 1/32
印 张	7.25
字 数	132 千字
ISBN	978-7-221-17267-9
定 价	58.00 元

关注未读好书

客服咨询

本书若有质量问题，请与本公司图书销售中心联系调换
电话：(010) 52435752

未经许可，不得以任何方式
复制或抄袭本书部分或全部内容
版权所有，侵权必究